자연이 우리를
행복하게
만들 수 있다면

자연이 우리를
행복하게
만들 수 있다면

뇌과학이 밝혀낸 자연이 선물하는 만족감의 비밀

Cerveau et Nature _____

미셸 르 방 키앵 지음

김수영 옮김

프런트페이지
FRONTPAGE

일러두기

· 이 책에서 논문, 영화 제목 등은 홑화살괄호(〈〉), 단행본, 잡지 등은 겹화살괄호(《》) 안에 표시하였습니다.

· 본문에서 저자의 보충 설명이나 옮긴이 주는 괄호에 표시하였고, '―옮긴이'라고 적혀 있는 것이 옮긴이 주입니다.

· 인명은 국립국어원 한국어 어문 규범의 외래어 표기법을 따랐으며 이곳에 포함되지 않은 인명은 되도록 원지음을 따랐습니다. 또한 인명과 인용된 책의 본래 제목은 로마자를 병기하였습니다.

· 국내 번역 출간된 책은 국역본 제목을 표기하였으며, 국내에 출간되지 않은 도서는 직역하고 원서의 제목을 표기하였습니다.

나의 사랑 엘리노, 라파엘
그리고 가브리엘에게

인류에게 점점 절실해지고 있는 자연과의 소통의 아름다움을 신경과학이라는 프리즘을 통해 흥미롭게 펼쳐보이는 책이다. 자연의 아름다움, 그리고 맞잡은 손들의 다사로움. 우리는 이런 것들을 간절히 필요로 하며, 격리라는 초유의 사태 속에서 단순히 의식주만으로 행복해질 수 없음을 몸소 체험했다. 팬데믹을 거치며 우리는 마침내 우리가 당연하게 여겨왔던 그 모든 삶의 아름다움이 지닌 소중한 가치를 실감한 것이다.

이 책은 '인간다운 삶'의 필수 조건, 즉 자연의 아름다움과 다정함과 돌봄과 소통의 중요성을 이야기한다. 나는 이 책을 통해 새삼 깨달았다. 결코 고갈되지 않는 자연의 아름다움을 가까이할 때 비로소 사람다워지고, 다정해지며, 잃어버린 사랑을 되찾을 수 있다는 것을. 이 책을 읽는 것만으로도 당신은 분명 어제보다 행복할 것이다.

정여울 | 작가, 《여행의 쓸모》, 《문학이 필요한 시간》 저자

저자는 우리에게 아름다움의 원천이라고만 여겨지던 자연이 실질적인 혜택까지 선사한다는 사실을 신경과학적으로 증명한다. 그뿐만 아니라 자연의 아름다움과 비밀스러운 혜택을 과학자들보다 훨씬 앞서 알아차렸던 시인, 작가, 자연주의자들에게 찬사를 보낸다.

《시앙스에아베니르Sciences et Avenir》

이 책은 인간의 안녕과 행복을 위해 자연이 얼마나 결정적인 역할을 하는지 보여주며, 우리 일상에서 자연의 자리를 더 내주어야 할 필요성을 강조한다.

《르탕Le Temps》

우리에게 생물과의 관계를 재정립하라고 권하는 신경과학자의 초대.

《피지콜로지 포시티브PSYCHOLOGIE POSITIVE》

지금 우리의 시대를 환하게 밝혀주는 과학이다.

《하피네츠HAPPINEZ》

우리는 왜 자연을 사랑할 수밖에 없는가

최재천

(이화여자대학교 에코과학부 석좌교수

생명다양성재단 이사장)

지금으로부터 약 10년 전 나는 감히 자연의 아름다움을 객관적으로 표현해 보고 싶다는 생각을 했었다. 그래서 우리 시대를 대표하는 시인, 화가, 작곡가, 건축가, 무용가, 사진작가, 디자이너, 그리고 과학자들을 초대해 그들의 직업을 통해 느끼는 아름다움에 대해 하루 종일 이야기해 달라고 청했다. 그 강연들을 묶어 나는 2011년 《감히, 아름다움》이라는 책을 펴냈다.

프랑스 국립보건의학연구소 소장이자 이 책의 저자인 미셸 르 방 키앵은 자연의 아름다움에서 시작해 그 아름다움을 인간의 뇌가 어떻게 인지하는지, 그 결과 우리 몸과 마음이 어떤 이득을 얻는지를 신경과학적으로 설명한다. 그는 자연을 "인간이 창조한 것과 인간이 자연에 가한 모든 변형을 제외한 총체적인 세계"라고 정의한다.

현생 인류인 호모 사피엔스는 지금으로부터 30만 년 전 지구에 출현했다. 그리고 불과 200여 년 전 자연의 초록색은 인공의 회색으로 바뀌었다. 우리의 생활환경은 급격하게 변하기 시작했지만, 우리의 뇌는 여전히 수렵·채집 생활에서 벗어나지 못하고 있다. 또한 1900년대 초만 해도 도시에 사는 사람은 전 세계 15퍼센트에 불과했으나 지금은 70퍼센트에 달한다. 그렇지만 우리가 인지하고 향유하는 아름다움은 여전히 '자연'에서 기인한다.

하버드대학교 에드워드 윌슨 교수는 인간의 뇌가 자연과 조화를 이루며 진화하는 동안 우리의 생존에 도움이 되는 존재, 즉 자연을 사랑하도록 적응했다는 '바이오필리아 이론'을 제안했다. 얼마 전 작고한 우리 시대의 지성 이어령 선생은 바이오필리아 이론에 기초해 생명 자산의 중요성을 역설하기도 했다.

이 책의 저자는 이 바이오필리아 감정이 우리의 삶에서 어떻게 발휘되는지 과학적으로 설명한다. 그중 "밤의 존재들은 잠들고 낮의 존재들은 아직 일어나지 않은 비현실적으로 순수한 순간"인 새벽의 우리 뇌를 분석한다. 30만 년 동안 태양과 함께 잠들고 깨어난 우리의 뇌는 새벽 햇빛과 더불어 멜라토닌의 생성을 중단하고 세로토닌, 아드레날린, 코르티솔 같은 주간 호르몬의 분비를 촉진한다. 그래서 그는 이 전환이 아직 시작되지 않은 오전 3~4시에는 되도록 일어나지 않는 것이 좋다고 충고한다. 햇빛 주기에 맞춰 수면에 드는 행위만으로 혜택을 얻을 수 있다니 매우 흥미로운 처방이라고 생각한다.

지난 3년 동안 코로나19 사태를 겪으며 우리는 자연과 격리된 육체와 정신이 어떤 어려움을 겪는지 체감했다. 자연의 소중함을 새롭게 인식하는 역설적 체험이었다. 저자는 특히 우리 아이들이 자연에 "나가 놀면서 흙과 모래를 손으로 만지고 나무에 기어올라가도록 그냥 내버려두자"라고 호소한다.

만약 당신이 자연을 만끽하기를 주저하고 있다면, 이 책을 읽기를 권한다. 자연의 품에 안겨 숨 쉬고 그 아름다움을 느껴야 할 과학적 근거가 차고 넘침을 알려주는 따뜻하고 지적인 책이다.

자연이 우리를 행복하게 만들 수 있다면

차례

이 책을 향한 찬사   6

추천의 글 우리는 왜 자연을 사랑할 수밖에 없는가 _최재천_   8

1장 우리의 뇌는 자연이 필요하다   13

2장 숲속에 잠기다   33

3장 바다와 마주하다   65

4장 물 위를 떠다니다   83

5장 새벽의 여명을 맞이하다   101

6장 색깔의 아름다움에 취하다   115

7장 식물처럼 뉴런을 재배하다   131

8장 각자의 리듬으로 살다   149

9장 동물과 눈이 마주치다   165

10장 흙과 친하게 지내다   179

11장 산의 고요함에 귀 기울이다   199

12장 별을 응시하다   213

결론 자신으로부터 걸어 나오라   227

참고문헌   249

도판 출처   263

우리의 뇌는 자연이 필요하다

"자연은 인류가 출현한 순간부터

그들의 유전자에 깊이 새겨졌다."

몇 년 전 나는 코로나바이러스감염증(이하 코로나19)에 의한 격리 조치로 파리에 있는 한 아파트를 할당받았었다. 그 시기에 격리는 나만의 특별한 경험이 아니라 전 세계 도시에 사는 대부분의 사람이 겪은 일이었다. 도시인들은 몇 달 동안 컴퓨터 화면에만 눈을 고정한 채 생명체로부터 완전히 단절되어야 했다.

　위기는 우리에게 타인의 존재 그리고 타인과의 직접적인 관계가 우리 삶에 결코 없어서는 안 되는 중요한 요소라는 사실을 각인시켜 주었다. 나도 시내에서 한가로이 거닐고 카페에 앉아 지나가는 사람들을 바라보던 시간이 그리웠다. 격리된 아파트에서, 굳게 닫힌 문 뒤로 타인과 단절된 채 살아야 했던 그곳에서 그나마 숨통이 트이게 해준 건 창문 너머 보이던 작은 공원의 나무 몇 그루였다.

　그러나 파리는 물론이고 인구밀도가 높은 프랑스 대도시에서든 낙후한 대부분의 지역에서든 녹지대를 바라는 것은 사치나 다름없다. 숫자만 보아도 알 수 있다. 인구가 과밀한 지역에 나무가 심어진 공간이나 자연 공간이 차지하는 면적은 인구당 1제곱미터에 불과하다.[1] 이 평균치마저도 해마다 줄어들고 있다. 게다가 전례 없던 바이러스의 창궐로 격리 조치가 시행될 때에는 공원이나 정원에 접근할 수 있는 자유마저 제한되었다. 아예 도심의 녹지대를 폐쇄한 시청도 다수 있었다. 이로써 우리는 예기치 못한 방식으로 또 다른 형태의 부재를 여실히 느끼게 되었다. 바로 자연의 부재다.

　녹지대 접근 금지 조치는 곧장 거센 반발에 부딪혔다. 프랑스의 비영리 환경 전문 매체 《르포르테르Reporterre》에서 2020년 봄에 발의한 청원서 〈자연에 대한 책임 있는 접근un accès responsable à la nature〉이 20만 명 이상의 동의를 얻은 사실을 떠올려 보자.[2] 연대 서명인 중 한 명인 크리스토프 앙드레 Christophe André가 강조했듯 야외 산책은 바이러스를 퍼트릴 위험이 없고 오히려 발코니나 정원이 없는 집에 사는 사람들에게 초록이 주는 평안함과 충전의 시간을 온전히 누릴 수 있게 해 준다. 파리에 위치한 생트안 대학병원의 정신과 전문의이기도 한 앙드레는 더 나아가 사람들이 강제로 집에만 머무를 경우

정신적으로 피곤해지고 마음에 심각한 타격을 받는다고 주장했다.[3]

코로나19로 즉각적인 격리가 시행된 후, 정신 건강과 관련된 지표는 하나같이 비슷한 결과를 내놓았다. 녹지를 누릴 수 없었던 사람들의 심리적 건강이 악화되었다는 것이다. 후향연구後向研究(역학조사를 개시한 시점 이전에 조사한 내용을 자료로 사용한 연구—옮긴이)에 따르면 프랑스인의 3분의 1이 비참한 상황에 놓여 있었다. 특히 수용 인원을 초과한 장소에 격리되었던 사람들의 상황이 더욱 심각했다.[4]

반면 야외 활동의 혜택을 누릴 수 있었던 사람들에게 격리는 좀 더 견딜 만했다. 격리 시행 중에 실시된 한 조사는 가끔 집 밖으로 나오는 행위나 컴퓨터나 스마트폰과 거리를 두는 행동이 갇혀 있다는 불안감과 스트레스를 해소하는 데 도움이 된다는 사실을 증명했다.[5] 아마도 이 때문에 수많은 도시인 사이에서 조깅에 대한 열정이 불타오르기 시작한 것 같다.

또 다른 흥미로운 사실도 밝혀졌다. 정원이나 작은 꽃밭이 딸린 집에서 사는 사람들이 발코니도 없고 창밖에 시멘트 건물만 보이는 방 두 칸짜리 아파트에 사는 사람들보다 평균적으로 어려운 시기를 비교적 수월하게 견뎌냈다는 것이다. 만약 집에 정원이 없다 하더라도 가끔씩 근처 녹지대에서 자유 시간을 보내기만 해도 스트레스와 불안이 줄어든다는 사실을 많은 사람이 체감했다.

기분 좋은 종말의 분위기

코로나19의 확산으로 활동에 제약이 생기면서 우리는 자연과 접촉할 수 있는 기회를 일부 빼앗겼지만 역설적이게도 도시에는 숲의 공기가 흘러들었다. 노랫소리도 들리기 시작했다. 실제로 프랑스에서 한시적으로 전 국민에게 이동금지령을 내렸을 때, 주변 소음이 줄어들어 창가에서 새소리를 들을 수 있었다.

멧돼지와 같은 야생 동물이 코르시카섬의 중심 도시인 아작시오에 출몰하는가 하면 세계 각지의 유명 인사들이 묻혀 있는 파리의 정원식 공동묘지 페르 라셰즈에서는 늑대가 나타나기도 했다. 종말의 분위기인데, 기분 좋은 종말의 분위기라고 할까? 텅 빈 대도시의 길을 홀로 걷다가[6] 침묵의 가치를 경험한 사람들도 있었다. 새로우면서도 놀라운 경험이다.

하지만 잠깐으로 끝났어야 할 첫 번째 격리 이후 또 다른 격리가 이어졌고 사람들의 불안감은 연장되었다. 마음이 피폐해질수록 자연으로 탈출하고 싶은 욕구는 강렬해졌다. 2020년 프랑스에서 '봉쇄가 일상에 미치는 영향'을 주제로 1만 976명을 대상으로 실시한 대규모 조사에서[7] 응답자의 약 82퍼센트가 집

자연이 우리를 행복하게 만들 수 있다면

에서 감금된 기간 동안 일상생활이 둔화되었다고 답했다.

보건 위기가 가져온 충격으로 삶의 방식이 크게 흔들렸고 우리는 인간의 삶에 절대적으로 필요한 것이 무엇인가를 깊이 생각하게 되었다. 그리고 한 가지 사실이 자명해졌다. 개개인의 행복을 위해 자연은 결코 없어서는 안 된다는 것이다. 이러한 각성이 일자 도시를 떠나는 사람들도 나타났다. 방송에서는 전염병에 쫓기던 파리지앵이 엘도라도를 찾아 농촌으로 떠난 이야기를 뉴스거리로 이용하기도 했다.

혼란스러운 시기에 자연의 존재가 그토록 중요한 이유는 무엇일까? 답은 단순하다. 자연은 우리에게 근본적인 가치를 되찾게 해주고, 우리를 자신의 에너지로 채워주고, 걱정과 내적 갈등을 잠시 중단시켜 준다.[8] 자연은 감동을 주어 스트레스를 해소시키고 행복감을 높여준다. 그렇다. 우리가 자연과 접촉할 때 무언가 특별한 일이 일어난다는 것은 부정할 수 없는 사실이다. 아름다운 자연을 마주했을 때 숨이 멈출 것 같은 느낌을 받지 않은 사람이 있을까?

자연의 아름다움은 경탄을 자아내고 감동을 준다. 일몰, 별이 촘촘히 박힌 하늘, 푸른 계곡을 보고 있으면 경이로움으로 할 말을 잃는다. 무엇보다도 우리를 행복하게 만드는 여타 상황과 달리 자연이라는 기쁨의 원천은 결코 마르지 않는다.

나에게 특별한 효과를 가져다주는 자연은 숲이다. 나는 피로감을 느낄 때마다 숲으로 간다. 숲에서 나무를 보는 것만으로도 걱정이 줄어들고 어떤 근심은 그대로 사라지기까지 한다. 우리가 왜 자연이 만든 장관 앞에서 그토록 수많은 감정을 느끼는가에 대해 질문하던 철학자 알렉상드르 라크루아Alexandre Lacroix는 이를 정확하게 깨달았다.

"풍경은 결코 고갈되지 않고 끊임없이 새로워지는 모습들이다. 자연은 끊임없이 소생하는 복수의 우주다."[9]

시간과 날씨 그리고 계절은 자연을 다채로운 색깔들로 채워넣은 한 폭의 아름다운 그림으로 변신시킨다.

환상과 현실의 간극

격리는 자연이 우리에게 주는 감각이 얼마나 중요한지 일깨워주었다. 하지만 이 깊은 감각을 말로 설명하기란 어려운 일이다. 게다가 인간의 편견 어린 시선 때문에 자연은 조금은 순진한 대상으로 이상화되어, 여기저기에서 감각적인 덫으로 우리를 매혹하는 존재로 그려진다. 그 덫에 걸리지 않을 사람이 있을까?

그러나 인정할 것은 인정해야 한다. 자연을 향한 욕구 뒤에는 인간이 빚어낸 환상이 숨어 있다. 이것은 인류의 기원까지 거슬러 올라가는 순수하고 선한 자연 즉, '자연 상태'라는 신화

자연이 우리를 행복하게 만들 수 있다면

다. 그러나 이 자연 상태는 아담과 이브가 에덴동산에서 추방 당하면서 더 이상 찾아볼 수 없게 되었다. 현대인의 삶에서 멀어진 '구원의 자연'이라는 발상이 되살아난 시기는 산업문명이 도래한 19세기부터였다. 이러한 발상에서 비롯한 자연은 전형적으로 현대인의 환상이고 진짜 야생 세계와는 아무런 상관이 없는 집단 상상의 결과물이다.

누구나 자연으로의 회귀를 꿈꿀 자유가 있다. 그러나 자연을 향한 환상은 호소력이 강하여 사람들로 하여금 모든 것을 그만 두고 자연으로 도망치고 싶게끔 만든다. 코로나19로 인한 팬데믹은 이러한 경향을 더욱 강화시켰을 뿐이다. 사람들은 자연으로 돌아가겠다는 마음을 가지고 숲으로 향하지만[10] 숲속의 간이 주택 생활은 종종 악몽으로 변모하기도 한다. 문득 시베리아로 떠난 여행 작가 실뱅 테송Sylvian Tesson이 홀로 오두막에서 6개월간 지냈던 이야기가 생각난다.[11]

잠시나마 외딴 장소에서 로빈슨 크루소처럼 살아보려는 시도는 이미 오래전부터 곳곳에서 진행되고 있었다. 가장 유명한 이야기는 헨리 데이비드 소로Henry David Thoreau가 숲속에서 생활했던 내용을 담은 저서 《월든》이다. 소로는 1845년부터 2년 2개월 2일 동안 미국의 메인주 숲에서 모든 문명과 단절된 채 지냈다. 그때의 경험은 소로의 입장에서 실낙원 혹은 원시 황금기로의 회귀였다. 그로부터 200년 가까이 지나고 환경오염은 더욱 악화되어 터전이 침해받자 생태에 대한 현대인의 근심은 커졌다. 오늘날 《월든》이 베스트셀러 반열에 오른 것도 우연은 아니다.

자연을 향한 인간의 욕구에 긍정적인 측면만 있는 것은 아니다. 이 욕구는 사람들의 행동을 극단적으로 몰아갈 수 있다. 가장 쉽게는 사람들의 소비를 부추기고 기업은 이를 이용한다. 온갖 부류의 자칭 전문가들이 수익성이 엄청난 이 시장판에 뛰어든다. 도시인들은 자연 속에 사는 대신 유기농 식품, 지역 농산물, 비건 제품을 소비한다. 파리 한복판에 있는 자연요법센터에 터무니없이 많은 돈을 지불하고 그곳에서 자신을 소중히 보살핀다. 설사 숲에 간다 해도 나무를 바라보는 것으로는 만족하지 못하고 더 강렬한 자극을 찾는다. 나무에 입을 맞추고 나무를 껴안고 심지어 오두막을 만들어 그 안에서 살기도 한다.

그러나 오해하지는 말자. 논란의 여지가 있는 행동의 진정성이나 모순과는 별개로 인간이 자연에서 느끼는 행복은 실질적인 것이다. 자연이 주는 경험은 착각이 아니다. 게다가 도시에 지친 삶을 되살아나도록 만들기 위해 시베리아나 메인주의 숲 같은 거창한 곳까지 갈 필요도 없다. 나이아가라폭포와 그랜드캐니언은 잊어도 좋다. 도시 안에서 친숙한 자연만으로도 충분하다. 화려한 풍광보다는 잠깐의 휴식을 찾아 손바닥만 한 작은 풀밭에 누워 주변에 귀 기울여보자. 이때 지속되는 강력하

자연이 우리를 행복하게 만들 수 있다면

고도 이로운 효과는 이미 증명되었다.

이 책은 바로 이러한 자연을 이야기한다. 자연은 수천 년간 인간이 다듬어왔기 때문에 인간에게 무해하고 든든한 존재인 것은 분명하다. 하지만 그런 건 크게 중요하지 않다. 복잡하게 뒤얽혀 있는 일상과 스트레스에 맞서기 위해 남몰래 세워둔 벽 뒤에서 자신을 보호하듯 인간이 휴식과 평온함을 느낄 수 있는 공간이 자연이라는 점이 중요하다.

자연이 신체와 정신에 주는 효과를 알아보기 전에 먼저 자연이라는 단어의 의미에 대해 서로 합의를 볼 필요가 있다. 자연은 정확히 무엇을 지칭하는 걸까? 대답하기 쉽지 않다. 이 단어가 수많은 의미를 포함하고 때로는 상반된 의미를 함께 나타내기 때문이다. 프랑스의 대표 백과사전인 라루스 사전을 찾아보면 자연에 대한 정의가 열네 가지나 된다. 이는 과학자들이 '생물권', '생물 다양성' 혹은 '생태계' 등 전문적인 용어를 쓰면서 어느 정도 정리되고 통합되기는 했다. 이 책에서 나는 다른 용어 대신 '자연'이라는 말을 쓸 것이다. 간단하면서도 개념의 포괄적인 측면을 강조할 수 있기 때문이다.

내가 언급하는 자연이 의미하는 것은 인간이 창조한 것과 인간이 자연에 가한 모든 변형을 제외한 총체적인 세계다. 달리 표현하자면, 인공과 대비되는 자연이다. 그렇기 때문에 자연은 숲, 초원, 바다뿐만 아니라 반짝이는 별과 산속에 이는 바람 등 자연현상 일체를 포함한다. 또한 인간을 비롯한 동물과 식물 등의 생명체도 여기에 포함한다. 이렇게 광범위하게 걸친 자연 이라는 정의는 인간의 손이 거의 닿지 않은 거대한 '바깥' 지역 을 가리키는 개념과 가깝다.

두뇌에 새겨진 녹지

인간은 오랫동안 자연과 가까운 사이로 살아왔다. 현재 전 세계의 70퍼센트에 가까운 인구가 도시에 살고 있지만 1900년 대까지만 해도 도시인은 15퍼센트에 불과했다. 프랑스 역시 이 농 현상으로 인해 수많은 농촌이 황폐화되었고 현재는 인구의 4분의 3이 도심에 살고 있다. 인구 밀집 현상은 역사 전체에 걸 쳐 지속되어왔지만 200년 전 산업혁명과 함께 인구가 도시로 세차게 몰려들기 시작하면서 급격히 빨라졌다.

모로코의 제벨 이르후드Jebel Irhoud에서 발견된 세상에서 가 장 오래된 화석에 의하면 인류의 조상 호모 사피엔스는 30만 년 전에 출현했다. 30만 년이라는 긴 시간 동안 자연에 익숙했 던 뇌가 정보와 소음으로 가득 찬 인공적인 생활공간에 적응하 기에 200년이라는 시간은 터무니없이 짧다. 수십만 년에 걸쳐 온 진화의 양상을 순식간에 바꿀 수는 없다. 환경은 초록색에 서 회색으로 급격하게 바뀌었지만 우리의 뇌는 그러지 못했다.

여전히 뇌의 많은 부분이 구석기 시대 푸르른 대평원을 달리던 수렵 채집민의 상태를 간직한다.

1868년 프랑스 남서부 도르도뉴 지방의 크로마뇽 동굴에서 보존 상태가 훌륭한 호모 사피엔스의 해골이 발견되면서, 조상의 뇌가 현대인의 뇌와 유사하다는 사실이 입증되었다. 50세 남성으로 추정되는 이 해골은 당시로서는 굉장히 오래 산 축에 속했다. 함께 발견된 도구와 장신구의 연대를 추정한 결과 2만 6천 년 전의 화석으로 밝혀지면서 지구상 가장 오래된 현 인류 화석이 되었다. 이를 현대인과 비교해 보면 크로마뇽인 시대부터 현재까지 뇌의 구조는 크게 변하지 않았다는 사실을 알 수 있다. 두뇌의 부피도 1,350세제곱센티미터 정도로 비슷하다. 과학자들은 크로마뇽인이 이미 우리였다고, 바로 현 인류라고 입을 모았다.

지금으로부터 3만 년 전, 마지막 빙하기 동안 기후는 혹독했지만 도르도뉴의 온화한 계곡은 구석기 시대 우리 조상에게 더할 나위 없이 좋은 삶의 터전이었다. 기후도 수렵 채집에 더 유리했고 가까이에 수원水源과 규석 지층, 반추동물을 위한 방목장도 있었다. 그곳에서 인간은 순록, 말, 들소, 코뿔소, 양과 함께 지냈다. 우리가 지금 라스코, 쇼베, 코스케 동굴의 벽화에서 볼 수 있는 동물들이다.

초창기 예술 작품에서 식물보다는 동물이 과도하게 표현되

긴 했지만 자연은 인간의 끊임없는 영감의 원천이었다. 인류의 조상은 다른 생명체와 깊은 친밀감을 쌓으며 친화력의 덕택을 톡톡히 보았음을 초창기 예술 작품들을 통해 살펴볼 수 있다. 이 걸작들은 인간성을 빚어내고 인간의 근본적인 행동을 특징 짓는 자연과의 친밀성에 대한 증거다.

일부 연구자에 따르면 인간은 친화력 덕분에 생존에 유리한 요소들을 선택하며 진화에서 우위를 차지할 수 있었다. 동물의 흔적을 쫓을 수 있는 능력, 식수를 찾는 능력, 식용 가능한 식물을 식별하는 능력들을 예로 들 수 있다. 이러한 특성은 고스란히 현대인의 유전형질에 영향을 미쳤을 가능성이 크다. 물론 자연에 대한 인간의 친밀감은 물질적 욕구를 충족시키는 단순한 필요성을 뛰어넘어서 미적, 인지적 충족뿐만 아니라 영적 충족까지도 포함한다. 이렇듯 자연은 인류가 출현한 순간부터 그들의 유전자에 깊이 새겨졌다.

근거가 필요한가? 단순히 자연을 보는 것만으로도 개인적 취향이나 문화적 요소에 관계없이 선호도가 나타난다. 이것은 두 진화심리학자 존 포크John D. Flak와 존 볼링John H. Balling[12]이 실시한 유명한 실험에서 나타난 현상이다. 여러분도 잠시 오른쪽으로 시선을 옮겨 실험에 참여해 보자. 어떤 사진이 가장 마음에 드는가? A인가? 아니면 B, C, D, E인가? 두 학자는 북아메리카, 유럽, 사하라 이남의 아프리카 등 서로 다른 대륙에서

A 열대우림

B 사바나

C 사막

D 침엽수림

E 활엽수림

온 피험자들에게 열대우림, 사바나, 사막, 침엽수림, 활엽수림 이렇게 다섯 개의 생태계 사진을 보여주었다. 포크와 볼링의 실험에 참가했던 사람들은 대부분 B를 선호한다고 답했다. 아마도 당신 역시 사바나를 가리키는 B를 선택했을 가능성이 크다.

포크와 볼링은 이 연구를 근거로 인류의 조상인 호모 사피엔스가 오랜 시간 동안 그들의 근원지에 적응한 결과로 인해 특정 형태의 자연에 대한 선호가 생겼다는 가설을 제시했다. 실제로 도르도뉴의 크로마뇽인 훨씬 이전에 인류 역사는 아프리카의 사바나 즉, 나무가 거의 없는 탁 트인 경관에서 시작되었을 가능성이 높다. 우리 조상에게 사바나는 생존에 완벽하게 적합한 장소였다. 시야가 멀리까지 닿아 사냥감, 특히 소, 사슴 같은 반추동물을 쉽게 포착할 수 있었고 필요한 경우 풀숲에 바싹 엎드려 포식자로부터 몸을 숨길 수 있었기 때문이다. 나무가 너무 높지 않아 과일도 쉽게 딸 수 있었다.

지금도 사바나를 보고 있으면 편안한 만족감이 든다. 우리 안에 가장 깊숙한 영역에서 느껴지는 만족감이다. 이 느낌은 우리가 보고 있는 자연 안에 생존에 필요한 모든 조건이 확보되어 있다고 스스로를 안심시키는 직감 혹은 본능이다. 따라서 자연 앞에서 느끼는 감정은 이미 수렵 채집이라는 인류 공통의 오래된 과거에 의해 결정되었고, 인간이 사바나의 환경 자원과 함께 진화한 결과라고 할 수 있다.

건강을 선물하는 자연

자연을 향한 우리의 본능적 애정(앞으로 보게 되겠지만 이 단어는 변질되지 않았다)의 또 다른 과학적 근거는 1984년에 밝혀졌다. 미국의 저명한 자연과학 학술지《사이언스Science》에 게재된 로저 울리히Roger S. Ulrich의 유명한 연구 〈외과 수술 후 창밖을 바라보기가 회복에 미치는 영향View Through a Window May Influence Recovery from Surgery〉으로부터다. 울리히는 어린 시절 신장병을 앓아 방 안의 침대에 누워 몇 주를 보내야 했다. 긴 회복 기간 동안 그는 창밖에 보이는 큰 나무의 존재만으로도 질병에 맞서 싸우는 데 도움이 된다는 점을 알아차렸다. 바로 그때 그는 환자가 병실에서 바라보는 창밖 풍경이 회복에 영향을 미치는 것은 아닐까 하는 의문이 들었다.

성인이 된 뒤에도 이 질문은 끊임없이 울리히를 따라다녔고, 마침내 그는 10년 동안 미국 내 병원에서 복부 외과 수술을 받은 환자에 대한 정보를 수집했다. 결과는 놀라웠다. 창밖으로 자연이 보이는 병실에 있던 환자의 회복 속도가 창밖으로 벽이 보이는 병실에 있는 환자보다 빨랐다. 병실에서 자연을 보았던 환자는 벽을 보았던 환자보다 진통제도 덜 필요했고 평균적으로 하루 먼저 퇴원하는 결과가 나왔다.

울리히의 선구적인 연구가 발표된 뒤, 녹색 풍경이 신체 건강에 미치는 영향을 입증하는 연구가 쏟아졌다. 교도소에 수감된 사람들에게서도 비슷한 현상이 나타났다.[13] 철창 밖으로 자연이 보이는 감방에 수감된 자들의 진료 요청은 그렇지 않은 다른 수감자들보다 낮게 나타났다. 자연이 그려진 포스터를 벽에 붙이는 실험을 했을 때도 결과는 긍정적이었다. 실제 자연 풍경이든 인공적 풍경이든 단순한 자연 조망에도 인간이 호의적으로 반응하는 것이 확실했다.

같은 선상에서 다수의 역학조사로부터 자연이 질병의 발생 빈도에 미치는 영향도 밝혀졌다. 네덜란드에서 대대적으로 실시했던 한 연구[14]를 예로 들어보자. 연구원들은 환자 35만 명의 의료 기록과 그들의 거주지 1킬로미터 이내의 인접한 생활 환경을 비교 검토했다. 이 연구에서 모든 편향을 제외했을 때, 자연에 많이 둘러싸인 사람이 특정 질병에 덜 걸린다는 결론이 나왔다. 해당 질병은 당뇨병, 비뇨기 감염, 장내 감염, 두통, 어지럼증, 천식, 상기도 감염, 관상동맥질환, 목 통증, 등 통증 등 나열하자면 끝이 없다.

자연은 심리적 만족감에도 영향을 주는데, 특히 주거지역에서 자연의 효과가 두드러진다. 주거지역에 녹지가 많을수록 주민의 정신 건강 상태가 훨씬 좋았다.[15] 또한 거주지와 공원의 거리가 멀어지면 곧바로 정신 건강이 저하된다는 사실도 드러났다. 거주지와 공원 간의 거리가 300~400미터 이상이 되면 심리적 동요가 발생할 위험성이 나타났다.[16] 공원과 좀 더 가까이 살았다면 나타나지 않았을 현상이다.

반대로 뇌신경과학 전문 국제 학술지《네이처 뉴로사이언스 Nature Neuroscience》에 게재된 최근 연구[17]에 따르면 잠깐씩 녹지대에 자주 드나드는 것만으로도 인간은 긍정적 효과를 얻을 수 있다. 연구원들은 도시에 사는 50여 명의 피험자에게 일주일 동안 하루에 아홉 번씩 스마트폰으로 자신의 기분 상태를 체크해 달라고 요청하고 위치 추적 기능을 통해 참가자가 낮 시간 동안 녹지대에 가는지 여부를 살펴보았다. 결과는 결정적이었다. 잠깐이라도 녹지공간에 노출된 참가자의 행복감이 곧바로 상승한 것이다.

1946년 세계보건기구WHO에 따르면 건강이란 "단순히 질병이 없는 상태가 아닌 신체적, 정신적, 사회적으로 안정된 상태"를 말한다. WHO에서 정의한 건강을 제대로 충족시켜 줄 수 있는 것이 바로 자연이다. 앞으로 이 책을 통해 살펴보겠지만 잠시나마 자연에 접촉함으로써 인간은 신체 기능의 재활성화와 같은 신체적 혜택, 창의성과 집중력 향상과 같은 인지적 혜택, 정신적 고통과 불안에서 해방되고 기쁨이 증진되거나 우울증이 경감되는 심리적 혜택을 누릴 수 있다. 이것은 2019년 전 세계 스물여섯 명의 과학자가 공동으로 집필하여《사이언스》에 게재했던 논문에서 내린 결론 중 하나이기도 하다. 자연에 대

한 접근이 가져다주는 긍정적 영향에 대한 과학자들의 선언문이 담긴 논문이었다.[18]

과학자들은 인간이 자연을 직접 경험할 때 이로움이 가장 커진다고 한 목소리를 낸다. 말 그대로 자연과 물리적으로 접촉할 때 효과는 증폭되었다. 직접적으로 접촉하는 가장 좋은 방법은 몸소 자연 속에 푹 빠지는 것이다. 삼림욕하기, 바다와 마주하기, 물 위에 떠 있기, 아침에 솟아오르는 태양의 햇빛 바라보기 등 오감을 자극하는 다양한 경험이다.

이어지는 각 장에서 자연이 오감을 통해 선사하는 경험들을 대략적으로 살펴보고 그 안에서 어떤 과학적 원리가 작동하는지 밝혀볼 것이다. 각각의 자연적 상황은 서로 다른 방식으로 뇌에 영향을 미치지만, 공통적으로 인간과 자연이 일체가 되었던 인류의 여명기黎明期로 우리를 데려간다. 이것이 우리가 자연으로부터 혜택을 얻을 수 있는 근본적인 이유다.

자연이 우리를 행복하게 만들 수 있다면

2장

숲속에 잠기다

"부식토의 향기, 잎이 바스락거리는 소리,

우리를 어루만지는 산들바람에 푹 잠기게 된다."

숲속 산책이 주는 충만감을 가장 잘 표현한 프랑스 작가는 누구일까? 두말할 필요 없이 장 자크 루소Jean-Jacques Rousseau 일 것이다. 신선한 공기를 좋아했던 루소는 자주 파리 근교에 있는 몽모랑시 숲으로 가 식물표본을 가져오곤 했다. 루소는 수많은 저서에서 숲속을 거닐 때 느끼는 유대감과 행복감에 대해 이야기하곤 했는데, 그의 예술적인 묘사는 《고독한 산책자의 몽상》에서 절정을 이뤘다.

"감수성이 예민한 영혼을 가진 명상가일수록 숲속에서의 일체감이 주는 황홀감에 더욱 몸을 맡긴다. 달콤하고 깊은 몽상이 그의 감각을 사로잡고, 그는 감미로움에 취한 채 자신과 하나가 된 이 아름다운 세계의 무한함 속으로 빠져든다."[1]

루소가 중세 시대에 살았더라면 이렇게 숲속 산책을 옹호하는 글을 쓸 수 없었을 것이다. 중세 시대에 숲은 인간에게 두려움의 대상이었기 때문이다. 당시 숲은 길을 잃거나 야수를 만날까 두려워 함부로 들어갈 수 없을뿐더러 누구의 소유도 아닌 치외법권 지대였다. 무엇보다도 숲은 그곳에서 맞닥뜨리는 실질적인 위험과 관계없이 인간의 상상과 두려움이 투영된 신화와 전통이 깃든 공간이었다. 미국 스탠퍼드대학교 교수 로버트 해리슨Robert Pogue Harrison에 따르면 태곳적부터 숲은 불가사의하면서도 역사적인 장소로 묘사되었다.[2]

그러나 현대의 숲은 더 이상 길 잃은 나그네를 집어삼키는 공포의 상징이 아니다. 또한 근래 수 세기 동안 숲과 인간의 관계도 상당히 변했다. 소위 원시적이라고 일컫는 숲도 대부분 인간에 의해 통째로 창조된 결과물이다. 아서 왕 이야기에 등장하는 신비한 기운으로 가득한 브로셀리앙드 숲은 오직 소설 속에서만 존재할 뿐 실제로 이 세상에 인간이 발을 들이지 않은 숲, 즉 인간이 정비하거나 개발하지 않는 산림은 지구상에 존재하지 않는다.

이제 사람들은 태곳적 신화의 기운을 간직하기는커녕 숲을 '산림 다기능성'의 공간이라고 부르기도 한다. 이 표현은 숲을 입체적으로 바라보지 않고 소유자, 농민, 수렵인, 등산객, 조류학자, 운동선수와 같은 다양한 숲 이용자들의 기대만을 강조할 뿐이다.

자연이 우리를 행복하게 만들 수 있다면

숲은 오랜 시간에 걸쳐 인간에게 무해하고 친근한 영토가 되었지만, 여전히 약간의 신비로움을 간직하고 있다. 깊은 숲속을 걸으면 형용할 수 없는 독특한 무언가가 그곳에 여전히 남아 있음을 느낄 수 있다. 루소가 그토록 숲속 산책을 예찬한 이유도 혼자 걸으면 발걸음의 리듬으로 만들어지는 독특한 흐름 속에서 외부의 자연과 인간의 내면이 연결되는 순간을 맛볼 수 있기 때문일 것이다. 루소와 같은 철학자는 아닐지라도 우리 역시 자연과 영혼이 합일되는 이러한 순간을 한 번쯤 경험해 본 적 있다.

숲속 산책은 후각적, 시각적 그리고 촉각적 자극의 세계에 빠지는 감각적 경험이다. 부식토의 향기, 잎이 바스락거리는 소리, 우리를 어루만지는 산들바람에 푹 잠기게 된다. 긴장을 풀고 안정을 얻는 데 숲속 걷기만큼 좋은 것이 없다. 동양인들은 숲속 산책을 말 그대로 삼림에서 하는 목욕을 뜻하는 '삼림욕森林浴'라는 탁월한 표현을 사용한다. 그들은 숲속 산책을 제대로 하려면 아주 천천히 걸어야하며 일정한 간격으로 잠깐씩 쉬면서 감각이 전달하는 정보에 흠뻑 취해야 한다고 조언한다. 당연히 스마트폰과 카메라는 집에 두고 나와야 한다.

그렇다면 숲속 한가운데서 산책하는 단순한 행위가 우리 행복에 긍정적인 영향을 미치는 이유는 무엇일까? 어떤 원리로 긍정적 효과가 생기는 걸까?

숲속 산책의 신경생리학적 효능

낭만주의자들은 썩 마음에 들지 않겠지만 건조하게 표현하자면 숲속 걷기가 주는 혜택은 신경생리학적으로 쉽게 설명 가능하다. 우선 숲의 고요함은 우리 뇌에서 가장 오래된 부분이자 신체의 항상성을 유지하게 해주는 자율신경계를 자극한다. 자율신경계는 우리의 의지와 상관없이 인체의 생존에 관한 순환, 소화 따위의 식물적 생리작용을 조절하기 때문에 식물성 신경계라고도 한다.

뇌를 가까이 들여다보면, 몸 전체로 퍼지는 수많은 신경 갈래가 있다는 것을 알 수 있다. 뇌에서 탄생한 엄청난 수의 신경은 각 신체기관과 조직으로 연결된다. 이러한 말초신경계에 대해서는 이미 고대 해부학자들, 그중에서도 특히 클라우디우스 갈레노스Claudius Galenus가 잘 알고 있었다. 갈레노스는 동물을 치밀하게 해부하여 연구한 끝에 척추와 각 내장에 신경을 퍼지게 만드는 신경세포 집합체인 신경절ganglion에서 두 개의 수상돌기dendrite를 관찰할 수 있었다.

하지만 이러한 신경망의 정확한 기능은 20세기 초가 되어 밝혀졌다. 미국 생리학자 존 랭글리John P. Langley는 갈레노스의 발견을 검증하는 한편, 자율신경계가 교감신경계와 부교감신경계로 나뉜다는 사실을 발견했다. 두 신경계 모두 심장박동,

호흡, 소화 기능, 평활근(장이나 비뇨계통 장기의 수축을 일으키는 지근)과 같은 생체 기능의 자동 조절, 즉 무의식적 조절에 관여한다.

교감신경계와 부교감신경계는 번갈아 활성화된다. 먼저 두려움, 분노, 스트레스 상황에서는 교감신경이 작동하기 시작한다. 교감신경은 신장 바로 위에 위치한 부신을 자극하여 행동에 필요한 에너지를 제공하는 아드레날린, 노르아드레날린, 코르티솔로 몸을 가득 채운다. 정신은 경계 태세를 갖추고 전투나 도주를 준비한다. 이 상태는 스트레스를 유발하는 상황에서 발생하는 일종의 발작과 같다. 근육이 수축하고 심장박동이 빨라지며 피부의 혈관은 수축하는 동시에 즉각적인 대응을 준비하기 위해 근육과 뇌로 혈액을 집중시킨다.

이와 반대로 휴식할 수 있는 환경이 갖춰지면 부교감신경계는 생체 기능의 회복을 돕는다. 부교감신경계는 중심이 되는 미주신경을 포함하여 정확히 열두 개의 신경으로 구성되어, 각 기관의 기능 속도를 떨어트린다. 마치 오케스트라의 지휘자처럼 심장박동과 호흡의 속도를 늦추고 혈압을 낮추라고 명령한다. 부교감신경계 덕분에 우리 몸은 활발한 활동 후에 이완하고, 음식물을 소화시키고 잠까지 잘 수 있는 것이다.

정상적인 조건에서 교감신경계와 부교감신경계는 대립적으로 작동한다. 한쪽이 활성화되면 다른 한쪽은 대기하는 상태에 있는 식이다. 자동차를 운전하는 사람을 상상해 보면 쉽게 이해할 수 있다. 운전자는 가속페달을 밟다가 브레이크페달로 옮겨 밟을 수 있지만 절대로 두 페달을 동시에 밟지는 못한다. 교감신경계가 가속페달 역할을 한다면 부교감신경계가 브레이크페달 역할을 한다.

매 순간 우리 몸 안에서 교감신경과 부교감신경의 민감한 균형이 이루어져 아드레날린, 코르티솔, 레닌, 인슐린과 같은 호르몬과 신경펩티드, 사이토카인 같은 다양한 연결 분자 그리고 각 기관의 활동을 활성화하거나 억제하는 기타 물질이 생성된다. 이러한 균형이 유지되어야 신진대사, 심혈관 및 호흡 기능, 신체기관과 내장의 기능, 내분비선과 면역 등 모든 신체 기능이 건강하게 작동할 수 있다.

자율신경계를 이렇게 오랫동안 설명한 이유는 숲이 자율신경계를 통해 강력한 효능을 발휘하기 때문이다. 자율신경계와 숲의 관계는 2004년 일본에서 숲이 인간의 건강에 미치는 효과에 대한 연구가 다수 진행되면서부터 알려졌다.[3] 일본 니혼의과대학교의 칭 리QING LI 교수는 이 분야를 개척한 선구자 중한 명이다.[4] 칭 리 교수는 환경이 생리학적 지표에 어떤 영향을 미치는지 알아보기 위해 자신의 팀과 함께 실험 참가자들을 두 집단으로 나눠 한 집단은 숲으로, 다른 한 집단은 도시로 보냈다. 그리고 피험자들의 하루 중 기상했을 때, 산책하기 전과

자연이 우리를 행복하게 만들 수 있다면

후, 자연을 관찰하기 전과 후에 혈액 샘플을 채취했다. 결과는 어땠을까? 도시에서 걸은 집단보다 숲에서 걸은 집단의 부교감신경 활동이 100퍼센트 증가했다. 숲에서 걸을 때 이완과 휴식을 조절하는 신경의 활동이 활발해진 것이다. 반면 교감신경계를 가리키는 코르티솔의 농도는 16퍼센트 감소했다.

이 연구를 통해 숲에서는 신체의 부교감신경계가 활성화되어 생리 기능의 속도를 늦춘다는 사실을 알 수 있다. 숲에서 인간은 점차 평정을 되찾게 되어 신체를 재생시키는 생리적, 심리적 행복의 상태가 나타난다. 심신을 진정시키고 호흡과 심박의 템포를 늦추는 것이 바로 단순한 숲속 걷기가 가진 효능 중하나다.

같은 맥락에서 맥박, 혈압, 심박의 변화를 비롯한 심혈관계에 숲이 미치는 영향도 증명되었다. 특히 일본 학자들은 다수의 연구를 통해 도심에 노출되었을 때보다 숲에 노출되는 상태가 상대적으로 인간의 모든 요소에 긍정적이고 중대한 영향을 미친다는 사실을 밝혔다.[5]

좀 더 최근에 진행된 연구에 따르면 나이가 많은 피험자들에게서 숲의 영향이 더욱 두드러진다. 한 연구에서 45~86세 피험자들에게 심전도 측정기를 차고 숲을 걷게 했는데[6] 숲을 걸은 후 측정기 기록을 분석한 결과 심박과 혈압이 눈에 띄게 줄어든 것을 확인할 수 있었다. 숲이 인간의 부교감신경계에 영향을 미친다는 또 하나의 명백한 증거다.

나무 아래서 우리가 행복한 이유

숲은 자연 중에서도 우리의 감각을 풍부하게 자극하는 자연 환경이다. 신체의 여러 감각은 숲에서 뿜어져 나오는 치유의 기운을 받아들이는 데 각자의 역할을 다한다. 그중 후각을 주목해 보자. 후각은 연극의 주인공처럼 중요한 역할을 담당하지만 우리는 보통 후각보다 시각과 청각을 더 중요한 감각으로 여긴다.

물론 인간의 후각이 동물에 비해 거의 발달하지 않은 것은 사실이다. 후각만으로 지금 맡는 냄새가 어디에서 오는지 한번 맞춰보자. 아마도 알아차리기 힘들 것이다. 인간이 수십만 년에 걸쳐 진화하는 동안 후각 능력은 현저하게 쇠퇴하였다. 게다가 오늘날 우리는 시각이 중요시되는 현대 사회에 살고 있다. 스마트폰, 컴퓨터 화면, 사회적 교류, 심지어 당신이 읽고 있는 이 책의 정보도 눈을 통해서 중계된다. 인간의 약화된 후각 시스템은 도시 오염에도 한몫 가담했다고 장담한다. 후각이 감퇴되지 않았더라면 대기의 질이 이 정도로 악화될 때까지 가만히 있지 않았을 것이다.

다시 숲으로 돌아오자면 숲속 산책에서 후각은 중요한 역할을 한다. 숲속 공기에 피톤치드phytoncide라는 독특한 유기 분자 층이 존재하기 때문이다. 1928년 러시아 생물학자 보리스 페트로비치 토킨Boris Petrovich Tokin이 발견하여 이름 지은 피톤치드는 나무가 공기에 발산하는 테르페노이드, 피넨, 보르네올, 리날로올, 리모넨과 같은 유기화합물이 혼합된 물질이다. 피톤치드는 해로운 균이나 박테리아로부터 식물을 보호하는 중요한 역할을 담당한다.

피톤치드는 우리가 사용하는 다양한 요리 재료에도 함유되어 있다. 예를 들어 마늘에 들어 있는 강력한 피톤치드인 알리신은 강한 냄새와 박테리아 억제 효과로 유명하다. 그래서 일반적으로 피톤치드가 풍기는 냄새는 약한 항생제 역할을 한다고 볼 수 있다. 숲속 산책을 일종의 천연 항생제 치료라고 말하는 것도 과언이 아닌 이유다.

이러한 냄새는 항생제 역할뿐 아니라 우리의 감정과 기억에 더욱 근원적인 영향을 미치는데 우리의 후각 중추가 해부학적으로 감정이나 정서를 관장하는 편도체에 가까이 위치하기 때문이다. 후각신경을 통해 자극을 받는 후각신경구가 편도체와 연결되어 있어 향기와 감정, 기억 사이에 강력하면서 때론 엉뚱하기도 한 상관관계를 형성하는 것이다.

우리가 어떤 좋은 냄새를 맡으면 뇌에서는 평온함을 느끼는 행복 회로가 활성화된다. 예를 들어 소나무, 삼나무, 편백나무

같은 특정 나무들에서 내뿜는 향기가 인간의 행복에 강력한 영향을 미치고 심리적, 정신적 문제를 겪고 있는 환자의 고통까지 완화시킨다는 사실이 밝혀졌다.[7] 후각과 감정 사이의 신경학적 상관관계는 일반적으로 피톤치드로 인한 자극에서 발생하는데, 이것은 필시 피톤치드라는 분자들이 우리의 아주 먼 조상이 생존에 필요한 자원을 탐지하는 데 도움이 되었기 때문일 것이다.

한편 일본 연구자들은 피톤치드가 신경계에 미치는 특수한 작동 원리를 밝혔다.[8] 연구자들에 따르면 이 휘발성 분자는 우리가 향을 감지하지 못할 때에도, 그리고 숲을 거닐며 마시는 양만으로도 신체의 모든 재생과 이완 기능을 조절하는 부교감신경계가 활성화되고 동시에 스트레스에 반응하는 교감신경계를 억제한다. 바로 이러한 원리를 통해 피톤치드라고 불리는 천연 분자 집합체가 인간의 행복에 긍정적으로 작동하는 것이다.

숲의 향기가 주는 마지막 혜택은 면역계에 미치는 영향이다. 칭 리 교수의 연구팀은 편백나무를 비롯한 수지류樹脂類 수목의 피톤치드가 인간의 면역에 관여하는 백혈구에 미치는 영향에 대해 실험했다.[9] 백혈구는 발암세포나 바이러스에 감염된 병든 세포를 공격하여 죽이기 때문에 엔케이Naturel Killer, NK세포 또는 자연살해세포라고 불린다. 연구원들은 피험자들을 하루에

자연이 우리를 행복하게 만들 수 있다면

여섯 시간 정도 숲속에서 걷게 하고 산책 전과 후에 혈액 샘플을 채취했다. 결과는 어땠을까? 연구를 시작하고 이틀 뒤 피험자 혈액의 엔케이세포 함유량이 50퍼센트나 증가했다. 더 놀라운 건 한 달 뒤에 채취한 혈액에서도 엔케이세포 함유량이 높게 측정되었다는 점이다.

칭 리 교수팀은 좀 더 통제된 조건에서 피톤치드의 효과를 실험해 보고자 했다.[10] 연구원들은 건강한 50대 중년 열다섯 명에게 호텔에서 3일간 지내게 했다. 그리고 밤새 방 안에 다소 진한 농도의 편백나무의 피톤치드 향을 분사했다. 피험자들은 자면서 자연스럽게 편백나무의 고농축 오일을 들이마셨다. 실험 후 연구원들은 피험자들의 엔케이세포의 수와 활동이 증가한 결과를 다시 한번 확인할 수 있었다.

엔케이세포의 항암 효과는 널리 인정받았기 때문에 연구자들은 숲속 산책이 암을 예방하는 데 효과가 있다는 의견이다. 그러나 특정한 나무가 주는 복잡한 혜택을 깊이 이해하기 위해서는 아직 더 많은 연구가 필요하다. 즉 숲에는 우리가 아직 탐구해야 하는 과학적 영역이 많이 남아 있다는 뜻이다.

하지만 연구자들이 계속해서 질문을 던지고 있음에도 이미 확실해진 것이 있다. 주말에 숲을 걷는 행위만으로 일주일 동안 면역계가 강화되고 덕분에 감기나 유행성 독감처럼 가벼운 감염병으로부터 안전할 수 있다는 것이다.

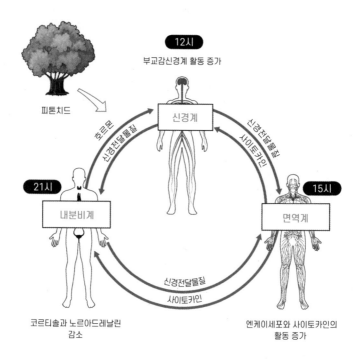

12시

부교감신경계 활동 증가

피톤치드

호르몬

신경전달물질

신경계

신경전달물질
사이토카인

21시

내분비계

15시

면역계

신경전달물질
사이토카인

코르티솔과 노르아드레날린
감소

엔케이세포와 사이토카인의
활동 증가

숲이 신체의 3대 시스템인 신경계, 면역계, 내분비계에 미치는 영향. 3대 시스템은 인간의 건강과 행복을 위해 서로 소통하고 협력한다.

만성 스트레스가 몸에 끼치는 영향

다량의 스트레스는 건강에 좋지 않지만 인간에게 약간의 스트레스는 필요하다. 일상에서 어려움에 부딪쳤을 때 인체가 소량의 아드레날린을 공급하여 어려움에 맞설 수 있도록 도와주기 때문이다. 다만 스트레스와 휴식 사이에 적당한 균형을 찾는 일이 관건이다. 저울이 한쪽으로 기우는 순간 모든 자율신경계는 탈이 난다. 안 좋은 사건이 잇따르거나 불안한 생각을 반복할 때 볼 수 있는 이러한 상황은 만성적으로 불쾌한 상태를 유발한다. 흔히 스트레스 호르몬이라고 부르는 코르티솔의 잘못이다. 코르티솔은 코앞에 닥친 위험에서 벗어나기 위해 없어서는 안 되는 중요한 호르몬이지만 스트레스를 받을 때 필요 이상으로 분비되는 문제가 있다. 이로운 호르몬도 과하면 몸에 해가 된다.

스트레스가 심혈관계에 미치는 악영향은 잘 알려져 있다. 만성 스트레스에 시달리는 사람은 관상동맥질환에 걸리거나 뇌졸중과 같은 심혈관질환으로 사망할 위험이 높다. 이는 52개국에 거주하는 심근경색 환자 1만 명을 대상으로 한 후향연구[11]를 통해서도 밝혀졌다. 연구자들은 관련 질병이 없는 다른 피험자들과 비교했을 때 통계적으로 질환이 있는 피험자들의 발병이 전년도에 겪은 스트레스와 관련이 있음을 확인했다.

최근 연구에 따르면 만성피로의 악영향은 사실 이보다 더욱 심각하다. 만성피로가 뇌에도 직접적인 영향을 끼치기 때문이다. 방식도 꽤 놀라운데 보기 드물게 염증이 개입한다.

염증은 상해를 입었을 때 스스로를 보호하기 위해 신체가 보이는 정상적인 반응이다. 면역계는 감염, 알레르기, 외상성 상해 등 외부 공격이나 바이러스와 같은 내부 공격의 자극을 받으면 염증반응을 통해 최전방 부대를 파견한다. 침입자에 맞서 싸우기 위해 백혈구를 병사로 내보내는데 그중에서도 대식세포라 불리는 특정 부류의 백혈구가 혈관을 통해 감염된 부위로 보내진다. 두 진영이 벌이는 전투에서 발생하는 첫 번째 증상은 잘 알려져 있다. 다소 강력한 통증과 함께 홍조가 생기고 열감이 느껴진다.

이때 중요한 건 면역계가 반격하는 강도가 적당해야 한다는 것이다. 침입자를 제거하기에 충분하면서도 다른 조직을 보호해야 하기 때문에 과도해서는 안 된다. 또한 표적을 정확하게 조준해야 한다. 즉 체내에 들어온 이물을 표적으로 여기고 조직 내 고유의 분자는 고스란히 두어야 한다.

바로 이 지점에서 코르티솔의 이중 역할을 살펴볼 수 있다. 신장 위에 위치한 부신에서 만들어지는 이 복합물은 보통 소염제 역할을 한다. 그렇기 때문에 류머티즘 환자나 자가면역질환을 앓고 있는 사람들에게 염증을 가라앉히기 위해서, 또한 장기를 이식한 환자에게 거부반응을 줄이고 이식된 장기를 보호하기 위해 코르티솔을 약(코르티손, 그리고 코르티손과 유사한 화합물인 코르티코이드의 형태)으로 처방한다. 이렇듯 코르티솔은 공격 요인에 대항하여 조직의 면역반응을 활성화한다.

하지만 미국 피츠버그의 연구원들에 따르면 공격이 만성적일 경우, 부신은 코르티솔을 과도하게 분비하고 결과적으로 코

　　　　자연이 우리를 행복하게 만들 수 있다면

르티솔의 소염 효과는 떨어지게 된다.[12] 코르티솔의 소염 효과가 떨어지면서 감염 발생은 심해지다가 아예 염증이 장기적으로 자리를 잡는다. 이러한 과정으로 만성 스트레스 상태에서 면역계의 기능이 떨어진다.

스트레스가 지속되면 코르티솔은 또 다른 역할에 착수한다. 이번에는 혈액에 염증반응을 촉진시키는 인터류킨-1, 인터류킨-6 등의 단백질을 분비한다. 이들은 사이토카인cytokine(그리스어로 '사이토cyto'는 세포를, 카인의 기원인 '키노스kinos'는 움직임을 가리킨다)이라는 작은 단백질 종류 중 하나이며, 보통 병원病原에 의해 활성화된 백혈구에서 분비된다. 분비된 사이토카인은 역으로, 침입자로부터 보호하기 위해 혈관에서 감염 부위로 새로운 백혈구의 확산을 증가시킨다.

일반적으로 모든 사이토카인과 그것의 생성은 면역계에 의해 섬세하게 조절된다. 하지만 심리적 스트레스 상태에서[13] 사이토카인이 과다 생성되고, 이에 따라 더 많은 백혈구가 활성화된다면 결과적으로 더 많은 염증 촉진 사이토카인이 생성되는 악순환이 생성된다. 면역계가 폭주하면서 면역반응이 인체에 해를 끼치는 것이다.

코로나19가 확산되면서 이러한 면역 과민반응에 관한 이야기를 들어본 적 있을 것이다. 단순히 호흡기질환이 전파되는 단계에서 그치지 않고 중증 환자가 생기는 원인은 과잉 염증반응 때문이다. 면역계가 제어를 상실하면서 도리어 인체에 해로운 영향을 미치고 특히 폐에 악영향을 미치면서 환자를 위험한 상황에 빠트린다.

이게 끝이 아니다. 사이토카인 폭풍은 세로토닌, 도파민을 비롯한 신경전달물질을 교란시키고 때로는 시상하부와 해마 등 뇌의 일부에 미세 병변病變을 일으켜 뇌에 참담한 결과를 가져온다. 사이토카인을 수용하는 수용체가 뉴런의 표면에 있기 때문에 수용체의 과잉 활동은 감정이나 기억력을 담당하는 뇌의 기능에 잠재적으로 부정적인 영향을 끼친다. 이로 인해 염증은 우울증이나 알츠하이머병과 같은 뇌와 관련된 장애가 발현하는 데 중요한 역할을 한다.

이렇듯 인체 내에서 염증을 촉진시키는 사이토카인을 감소시키는 것이 자연과 접촉할 때 느끼는 긍정적인 감정이다. 이는 미국에서 200여 명의 청년들을 대상으로 실시한 조사에서 증명되었다.[14] 청년들은 실험 당일 경탄, 즐거움, 기쁨 등 긍정적인 감정을 느꼈는가를 묻는 자가 진단 설문지를 작성했다. 그리고 연구원들은 각 피험자의 입 속에서 조직 샘플을 채취하여 분석했다. 그 결과 긍정적인 감정 중에서도 특히 자연 앞에서 느끼는 경탄을 경험한 청년들에게서 염증을 나타내는 인터류킨-6의 수치가 가장 낮게 나타났다.

십중팔구 이러한 방식으로 숲은 염증의 악성 효과를 줄이면

　　　　　　자연이 우리를 행복하게 만들 수 있다면

서 우리의 뇌에 긍정적으로 작동한다. 더 자세히 들여다보면 스트레스를 완화하여 염증 사이토카인을 제어하는 코르티솔 분비량의 균형을 회복시킨다. 요컨대 자연은 이러한 조절 효과로 인간의 면역계를 강화하여 건강을 향상시킨다. 반대로 끊임없이 스트레스를 유발하는 도시에서는 염증이 촉발되고, 이는 특히 뇌에 중대 질병을 일으킬 수 있다.

녹지에서 향상되는 인지능력

삼림욕으로부터 인간은 인지능력의 혜택도 얻을 수 있다. 정확히 어떤 인지를 말하는 걸까? 인지는 우리의 지능, 기억력, 집중력뿐만 아니라 새로운 개념을 논리적이고 창조적으로 배우거나 구상할 수 있는 능력까지 포함하는 광범위한 의미를 지닌다.

인지 활동은 많은 집중력을 요구하며 에너지 소비가 엄청나기 때문에 오래 지속될 경우 단기적으로 정신적 피로감을 느끼게 된다. 뇌의 무게는 1.5킬로그램에 불과하지만 하루 동안 인간이 소비하는 에너지의 20퍼센트 이상[15]을 차지한다. 다른 어떤 기관보다도 높은 비중이다. 지적 피로감을 느낀 후 15분만 지나도 집중력이 떨어지고 효율성도 급격히 떨어진다.

그렇다면 뇌를 회복시키기 위해서는 어떻게 해야 할까? 우리의 몸처럼 뇌도 에너지 소비와 재생의 순환 과정에 따라 기능한다. 따라서 뇌의 효율성을 유지하기 위해서는 높은 집중력을 요하는 활동 기간과 심리적 배터리를 충전할 수 있는 휴식 기간을 번갈아 보내야 한다. 오랫동안 집중하려고 하는 행위는 뇌가 완수할 수 있는 한계치를 넘는 과도한 요구다. 여기에서 자연과의 정기적인 접촉은 뇌가 정신적으로 회복할 수 있는 휴식의 기회를 제공한다.

호주 멜버른대학교에서 실시한 한 연구에 따르면 단순히 자연을 보는 것만으로도 주의력과 집중력이 향상된다.[16] 이 연구는 실험에 참가한 150명의 학생들에게 컴퓨터 화면에서 움직이는 쥐를 마우스로 최대한 빨리 클릭하라는 지시를 내렸다. 그리고 피험자들을 두 집단으로 나누어 실험 중간에 주어진 45초간의 짧은 휴식 동안 한 집단은 녹지, 한 집단은 시멘트 지붕 이미지를 보게 했다. 결과는 놀랍게도 녹지를 관찰한 학생들의 능률이 훨씬 높았다. 또한 이 학생들의 집중력 역시 시멘트 지붕을 본 학생들에 비해서 훨씬 증가했다. 연구 결과는 단 몇 분간 자연을 보는 것만으로도 주의를 집중시키는 능력을 빠르게 회복할 수 있음을 확증했다.

흥미로운 건 똑같은 인지 효과가 생체 내에서도 일어난다는 점이다. 2015년 스페인 바르셀로나에 거주하는 7~10세 아동 2,600명을 대상으로 대규모 연구가 진행되었다.[17] 과학자들

자연이 우리를 행복하게 만들 수 있다면

은 집 근처나 학교 안의 일상적인 녹지공간에 노출된 아이들이 받은 영향을 1년 동안 연구했다. 아래의 그래프에서 알 수 있듯 분석 결과 과학자들은 녹지공간에 노출된 빈도가 높은 아이들의 기억력과 집중력이 급격하게 향상된 것을 발견할 수 있었다. 그들이 발표한 보고서의 결론은 다음과 같았다.

"자연 공간은 아이들에게 참여, 위험 감수, 발견, 창의성, 상황 제어, 자아존중감을 실습할 수 있는 독자적인 기회를 제공한다. 또한 경탄과 같은 다양한 감정을 고취시키면서 인지발달

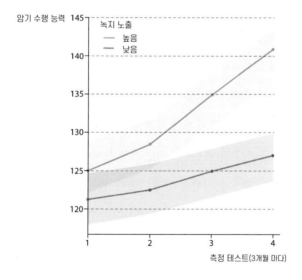

녹지공간 노출에 따른 아이들의 암기 수행 능력의 변화. 녹지에 자주 노출된 아이들의 능력(초록색 선)이 그렇지 않은 아이들의 능력(회색 선)보다 월등하게 향상된 것을 알 수 있다.

에 긍정적인 영향을 미치는 심리적 능력도 향상시킨다."[18]

우울증을 치유하는 숲

대부분 몇 날 며칠 동안 똑같은 생각이 머리에 난입하는 경험을 해본 적 있을 것이다. 싸우는 장면, 상대방의 표정, 내가 내뱉은 말, 내가 하려고 했던 말들이 끊임없이 머릿속에 되풀이된다. 최악은 비관적 생각을 떨쳐내려고 하면 할수록 오히려 자꾸 떠오른다는 점이다.

정신적 반추는 반복되는 생각을 되씹는 경향을 가리키는데, 이때 반복되는 생각의 대부분은 부정적인 생각이다. 공상과 정신적 방황이 뇌가 가지는 기능의 일부인 건 사실이지만, 이 단계에서 우리의 뇌는 같은 생각의 주위를 계속해서 맴도는 좋지 않은 습관이 있다. 특히 불쾌한 사건에 대한 기억, 친구와의 다툼, 직업 혹은 가족과 관련된 고민, 건강 문제 등 우리를 슬프거나 불안하게 만드는 상황을 되풀이하여 생각한다. 심각할 경우 이러한 집착이 생각의 대부분을 차지하는 끔찍한 상황에 이르기도 한다. 정신과 의사들이 '범불안장애'라고 명명한 이러한 반추는 특히 우울증을 비롯한 정신질환의 발현으로 널리 알려져 있다.

자연은 이러한 정신적 반추를 줄여주는 데에도 영향을 미친

자연이 우리를 행복하게 만들 수 있다면

다. 스탠퍼드대학교의 연구원들은 숲에서 한 시간 정도 걸음으로써 자연의 기운을 만끽하는 것이 정신적 반추를 크게 완화시킨다는 사실을 발견했다.[19] 연구원들은 피험자를 두 집단으로 나누고 한 집단은 도심 중에서도 교통체증이 심한 캘리포니아의 엘 카미노 레알길부터 팔로 알토길까지, 다른 한 집단은 떡갈나무와 관목이 깔린 초원을 따라 82분간 산책하도록 요청했다. 산책 후 자가 진단 설문을 통해 자연에서 산책한 집단의 사기가 시멘트만 줄곧 바라보며 걸은 집단보다 평균적으로 높다는 사실이 입증되었다. 뒤따른 수많은 연구도 같은 결과를 증명했다.[20]

스탠퍼드대학교 연구원들은 산책을 끝낸 피험자들의 뇌를 스캔했고, 그 결과 자연을 산책한 집단의 뇌의 특정 부위가 진정된 것을 확인했다. 이 부위는 전측대상회피질anterior cingulate cortex 또는 전대상피질이라고 부르는 영역이었다. 이 영역은 특히 정신적 반추 경향이 있는 사람들에게서 과잉 활성화되는데, 다음 장의 그래프를 보면 알 수 있듯 도시를 걸었던 집단의 피험자들에게서 과잉 활성화되었다. 정신적 반추를 부추기는 도시와 달리 숲속 산책은 전대상피질을 진정시켜 불안감과 강박적인 생각을 저지하는 것이다.

이 현상을 더 자세히 설명해볼 수 있을까? 미국 미시간대학교의 레이철 케플런Rachel Kaplan 교수는 이미 1990년대에 설득

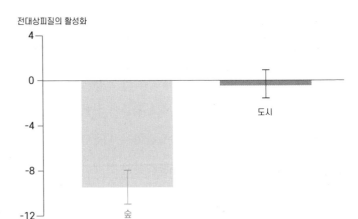

전대상피질의 활성화

숲은 정신적 반추와 관련된 뇌의 작동을 줄여준다. 뇌는 불안을 느끼거나 같은 문제를 끊임없이 곱씹을 때 과잉 활성화된다.

력 있는 설명을 내놓았다. 케플런 교수는 숲의 풍경이 우리도 모르는 사이 주의를 끌어 반추로부터 부드럽게 빠져나오게 한다는 가정을 제시했다.[21] 이것은 어떠한 정신적 노력도 요구하지 않는 아주 특별한 형태의 주의력이라고 할 수 있는데 바람에 흔들리는 나뭇가지, 반짝이는 이파리의 색깔, 바람의 얕은 속삭임이 자연스럽게 우리의 주의를 끌기 때문이다. 게다가 자연의 자극은 강도도 낮기 때문에 감각에 휴식을 줄 뿐만 아니라 주의력을 회복시킬 수 있는 아주 작은 경험인 '미시적 회복 경험micro-restorative experiences'을 제공한다.

이제 여러분도 삼림욕이 어떻게 우울증을 맞서기 위한 해결

자연이 우리를 행복하게 만들 수 있다면

책이 되는지 이해할 수 있을 것이다. 2011년 한국의 신원섭 의사는 우울증을 치유하는 숲에 대한 첫 번째 근거를 제시했다. 그는 우울증에 걸린 92명의 알코올 중독 청년을 대상으로 산림 치유 가능성을 시험했는데[22] 결과는 희망적이었다. 무려 64퍼센트가 우울 증상으로부터 벗어나는 데 성공했는데, 이는 약 50퍼센트로 추정하는 성공적인 약물치료의 비율보다 높았기 때문이다. 이러한 놀라운 결과에 힘입어 한국 정부는 2012년부터 2017년까지 신원섭 의사에게 산림청장 자리를 일임했고 이 기간 동안 그는 산림치유 프로그램을 마련했다. 이를 통해 숲은 우리의 건강을 증진시켜주는 데다 마음까지 치유한다는 결과를 알 수 있다.

요컨대 위와 같은 연구들은 옛 지혜의 권고가 유효하다고 인정한다. 오랫동안 전해진 권고대로 자연에서 시간을 보내면 인간의 영혼은 휴식을 취하고 심리적 고통과 우울, 반추의 주요 원인이 줄어든다. 즉 머릿속의 '작은 자전거'가 속도를 늦추는 것이다.

영감을 깨우는 고독한 뇌의 몽상

어느 날 창조성을 발휘해야 하는 순간에 상상력의 메마름을 느꼈다면 숲속 산책을 고려해볼 필요가 있다. 숲을 돌아다니면 창조력이 향상되기 때문이다.

미국 유타대학교의 데이비드 스트레이어David Strayer 교수가 이를 증명했고, 그의 연구는 수많은 논평을 불러일으켰다.[23] 스트레이어 교수는 50여 명의 피험자에게 알래스카, 콜로라도, 메인, 워싱턴 등 네 개 주의 아름다운 숲에서 4~6일 정도 산행하도록 지시했다. 그들은 모든 형태의 현대적 기술의 도움 없이 숲 한가운데서 완전히 고립된 상태로 산행해야 했는데, 스트레이어 교수는 걷기가 창조력에 미치는 영향을 보다 정확하게 측정하기 위해 책도 소지하지 못하게 했다. 그러는 동시에 머릿속에 떠오르는 둥근 물체 이름 대기 등 같은 주관식 문제에 최대한 많은 답변하도록 유도했고, 5분 안에 기하학무늬를 최대한 많이 그리기, 복잡한 수수께끼 문제 풀기 등 다양한 테스트를 통해 산행의 영향력을 측정했다.

또한 적응 효과를 피하기 위해 참가자를 두 집단으로 나눠 한 집단은 산행 전에, 다른 한 집단은 산행 후에 테스트를 거쳤다. 결과는 놀라웠다. 단 며칠간 산행을 한 것만으로도 참가자의 점수가 전보다 50퍼센트 향상된 것이다.

음악가, 작가, 철학자, 과학자 모두 숲속 산책이 영감을 깨우는 이 과정을 잘 알고 있다. 이들 중에는 일상적으로 산책을 마친 후 작업에 돌입하는 사람들이 많기 때문이다. 그들이 발휘하는 창의력의 비법이 긴 산책에 있는 건 아닌지 종종 의문이들 때가 있다. 예를 들어 20세기 가장 위대한 물리학자 중 한 명이자 양자역학의 선구자인 베르너 하이젠베르크Werner Karl Heisenberg는 바이에른의 알프스 숲 산책을 유난히 좋아했는데, 실제로 자연이 자신의 연구에 어떻게 기여했는지 털어놓기도 했다.[24]

"내 기억이 맞는다면 우리는 슈타른베르크 호수 서쪽 연안을 따라 구릉지를 걸었다. 환한 햇살을 받아 빛나는 울창한 너도밤나무 숲 사이로 빼꼼히 시야가 열리면 왼쪽 아래로 배경을 이루는 듯한 산까지 펼쳐진 드넓은 슈타른베르크 호수가 아득하게 내려다보였다. 묘하게도 나는 이 길에서 처음으로 원자의 세계에 대해 대화를 하게 되었고, 이 대화는 나중에 나의 과학 활동에 깊은 영향을 미쳤다."

동일한 선상에서, 루소는 앞서 살펴본《고독한 산책자의 몽상》을 집필할 당시 혼자서 산책하거나 몽상에 잠기고 생각이 이리저리 떠돌아다닐 수 있게 내버려두는 것을 목적으로 삼았다.《고독한 산책자의 몽상》은 60세를 넘긴 철학자가 인생의 종착점에 대해 이야기하는 내용으로, 말년의 루소는 사회로부터 버려졌다는 생각 때문에 쓸쓸한 마음으로 스위스의 뇌샤텔 근처 비엘 호숫가에 은둔하면서 낙담과 번민을 달랬다. 이때부터 루소는 매일, 그것도 오랫동안 산책하기 시작했다. 그는 오히려 산책을 동반한 방황 덕분에 기쁨의 감정이 점차 강렬해지는 것을 느꼈다. 루소의 심경은 〈말제르브에게 보내는 편지〉에서도 드러난다.

"저를 그늘로 뒤덮는 위풍당당한 나무들, 주변을 둘러싼 우아한 관목들, 발밑에 밟히는 다양한 풀과 꽃들은 정신을 사로잡아 끊임없이 관찰하고 감탄하도록 만듭니다. 수많은 흥미로운 대상이 서로 협력하여 경쟁하듯 제 주의를 끌었고, 줄곧 유인하면서 몽상에 빠지는 게으른 기질을 부추겼습니다."

산책하면서 즐기는 몽상과 자연의 아름다움에 대한 명상은 루소가 생애 마지막 책을 집필하는 데 필요한 풍부한 창조력을 불어넣어 주었다. 그의 실험은 빅토르 위고Victor Marie Hudo, 알프레드 드 비니Alfred Victor Comte de Vigny, 프랑수아르네 드 샤토브리앙François-René de Chateaubriand과 같은 낭만주의 작가들이 자연과의 관계를 통해 마르지 않는 영감과 열정, 위안의 원천을 찾을 수 있는 길을 열어주었다.

숲속 산책에 필요한 단 한 가지

앞서 언급한 일본의 칭 리 교수를 비롯한 연구자들이 내린 결론에 따라, 일본 산림청은 1982년 일상 건강법을 위한 권고 사항에 삼림욕을 포함시키기로 했다. 일상 건강법에 자연을 도입하려는 일본 산림청의 결정은 무엇보다도 1980년대 일본 정

자연이 우리를 행복하게 만들 수 있다면

부의 요청으로 기업 내 스트레스에 대한 역학연구를 실시했던 결과물이라 할 수 있다. 이 시기에 일본에서는 과로사라는 사회 문제가 수면 위로 떠올랐다. 과로사는 말 그대로 과도한 업무에서 비롯한 죽음으로, 격무와 극도의 피로에 따른 심장마비, 뇌졸중, 막중한 역할에 따른 부담으로 인한 자살 혹은 죽음을 가리킨다. 1990년대 일본 정부는 상황의 심각성을 인정하고 스트레스를 줄이기 위해 오솔길을 만들어 산림치유 프로그램을 실시했다.

한국도 마찬가지로 서울을 비롯한 대도시를 중심으로 산책로를 조성하고 사람들에게 삼림욕을 권장했다. 의료비 절감의 한 방편으로 보았기 때문에 무척 실용적이기도 했다. 한국은 2015년 〈산림복지 진흥에 관한 법률〉[25]까지 재정했다.

또한 한국에서는 산림정책의 일환으로 산림을 활용한 치유 프로그램을 기획, 개발하는 인재를 양성하고 있다. 산림청에서는 2017년까지 다수의 대학에 설치된 산림치유 교육 과정에서 500여 명의 산림치유지도사를 배출한다는 대대적인 계획을 발표한 바 있으며, 이들은 전문 자격으로 산책 애호가들이 가까운 숲에서 산책할 수 있도록 돕고 있다.

삼림욕 실천을 위한 공식 권장 사항은 굉장히 단순하다. 나무가 내뿜는 피톤치드와 공기의 신선함, 초록빛 색깔과 바람이 이는 미세한 소리에 주의를 기울이면서 숲을 산책하면 된다.

우리가 가끔 우스꽝스럽게 반복하듯이 나무를 얼싸안을 필요도 없다.

삼림욕이 난해하거나 신비로운 이미지로 비칠 때가 많아서 명확하게 해둘 필요가 있다. 딱 한 가지 반드시 지켜야 하는 사항이 있다면 모든 감각을 열어두고 숲길을 걷는 현재에 집중하는 것이다. 숲의 감각적 자극은 의식하지 못하는 사이에 우리의 주의를 끌지만 완전히 독차지하지는 않기 때문에[26] 열린 주의력 상태는 일시적으로 정신을 편안하게 한다.

숲속 산책을 불안, 우울, 고통과 같은 심리적 스트레스를 완화하는 데 효과가 있는 것으로 알려진 '온전한 의식'이라는 명상과 비교할 수도 있을 것이다. 수많은 치유센터에 비종교적 명상을 대중화시킨 존 카밧진Jon Kabat-Zinn에 따르면 온전한 의식이란 "어떤 판단도 하지 않는 자신의 주의를 시시때때로 펼쳐지는 경험에 의식적으로 가져가는 데에서 비롯되는 상태에 도달하는 것"이다. 달리 말하면 소리와 아이디어, 이미지, 색깔, 향기, 기억, 고통, 이완, 행복 등 자신의 내면과 외부에서 일어나는 일을 관찰하고 깊이 느끼는 수행이다.

실제로 온전한 의식을 실천해 보면 그리 간단하지 않다는 것을 알 수 있다. 인간은 일반적으로 우리를 둘러싼 환경에는 무관심한 채 자동 조종 모드로 움직이기 때문이다. 그런데 침묵하며 산책하는 숲은 카밧진이 말한 상태에 이르는 이상적인 환경을 제공해 준다. 앞서 만나본 크리스토프 앙드레가 산책을 다음과 같은 이유에서 권유한 것도 우연은 아니다.

"우리의 정신이 어떤 생각을 끊임없이 반추하고 되씹을 때 가장 좋은 방법은 밖에 나가서 걷는 것이다. (…) 걷기가 생각이 굳어지는 것을 막아주기 때문이다. 똑바로 걸으면 정신은 빙빙 돌기를 멈춘다."[27]

본질적으로 자연은 자기 자신을 마주하게 한다. 조용한 외딴 숲에서 평소에는 일상의 소음과 혼돈 속에 잠겨 있어서 들을 수 없었던 내밀한 생각과 감정을 발견할 수 있다. 현대 과학은 이러한 발상에 더욱 힘을 실어주면서 인류의 조상부터 누려온 자연의 혜택을 비로소 다시금 발견하게 만든다.

숲에 틀어박힌 은둔자를 생각해 보라. 전통적으로 종교 분야 에서는 숲을 명상과 지혜를 탐구하기에 탁월한 자비로운 장소 로 여겼다. 석가모니조차도 숲에서 열반의 경지에 오르고 숲에 서 첫 설법을 전했고 숲에서 눈을 감았다.

그렇다고 위대한 통찰의 순간을 경험하기 위해 신비주 의자가 될 필요는 없다. 프랑스 철학자 앙드레 콩트 스퐁빌 André Comte-Sponville은 저서 《무신론 정신The Little Book of Atheist Spirituality》에서 자신이 20대 때 숲에서 겪었던 결코 잊지 못할 경험에 대해 이야기한다. 어느 날 저녁, 그는 친구들과 숲 한가 운데를 걷고 있는 도중 불현듯 영감이 떠올랐다.

"뭘까? 아무것도 아닌 것이 전부라고 느껴진다. 덧붙일 말도, 감각도 없었다. 어떤 의심도 피어오르지 않는다. 단지 놀라운 감정과 함께 확신만이 들 뿐이다. 무한한 행복 그리고 영원히 지속될 것 같은 평화였다."

3장

바다와 마주하다

"바닷가 냄새는 말이나 이미지보다

훨씬 더 강렬한 시공간으로 여행을 떠나게 만든다."

눈앞에 끝없는 바다가 펼쳐져 있다고 상상해 보자. 수평선 너머 바다와 하늘이 섞인다. 바다 거품의 가장자리에 있는 배와 갈매기 무리는 마치 인상파 화가들이 수채화에 점점이 그려놓은 것 같다. 바다는 다른 감각으로도 당신을 감싸 안는다. 물보라가 얼굴을 쓰다듬고, 해변을 구르는 파도에서 규칙적이면서 부드러운 속삭임이 들린다. 바다에 들어가려고 다가가면 작디작은 모래 알갱이들이 당신의 발을 부드럽게 마사지한다. 그 순간 일상의 모든 근심과 걱정이 사라지고 평온함과 생동감이 차오르기 시작한다. 즉각적이면서도 저항할 수 없는 느낌이다.

바다가 이토록 아늑하고 편안하게 느껴지는 이유는 무엇일까? 우리가 바다를 바라볼 때 뇌에서는 무슨 일이 일어나고 있는 걸까?

당신에게 모래사장에서 특히 자극 받는 감각이 무엇인지 물으면 분명 후각이라고 대답할 것이다. 방학을 맞아 바다로 가는 길에 해안가가 보이기도 전에 이렇게 소리치지 않은 아이가 있을까? "벌써부터 바다 냄새가 나요!"

바다에 가까워질수록 기쁨으로 커지는 아이들의 함성을 과학적으로 달리 표현하자면 "요오드 냄새가 나요"일 것이다. 그러나 한 가지 고정관념을 깰 필요가 있다. 요오드는 냄새가 나지 않는다. 바닷가 냄새도 요오드 때문에 나는 게 아니라 박테리아에 의해 미역과 플랑크톤이 분해되면서 만들어진다. 정확히 말하자면 유기화합물 디메틸설파이드dimethyl sulfide라는 분자에 의해 나는 냄새로, 물보라의 물이 방출한 미세 비말을 타고 온 이 분자가 콧속의 후각점막에 도달해 우리의 뇌에 바다 풍경을 펼치는 것이다.

냄새는 우리가 쉽게 알아차릴 수 있는 감각 중 하나다. 어렸을 때 한 번 맡은 냄새를 평생 동안 기억하기도 한다. 누구나 후각을 통한 자극이 향수를 불러일으키는 경험을 해본 적이 있을 것이다. 이러한 작동은 오래된 기억을 불러일으키는 굉장한 능력이 시현되는 과정이다. 저명한 작가인 마르셀 프루스트Marcel Proust의 유명한 마들렌 이야기는 나와 같은 뇌신경학자에게 아주 반가운 사례가 되어준다. 저서《잃어버린 시간을 찾아서》에서 프루스트는 차에 적신 마들렌의 맛과 향기가 자신도 모르는 사이에 기억 속에 간직되어 있던 어린 시절의 사건들을 어떻게 강렬하게 불러일으켰는지 묘사한다.

나에게 마들렌보다 더욱 강력하게 옛 기억을 떠올리게 만드는 것이 바닷가 냄새다. 이 냄새를 맡으면 40년 전으로 거슬러 올라가 브르타뉴 해변에서 방학을 보내던 행복한 시간 속으로 푹 빠져든다. 특히 부모님과 함께 바닷가 피크닉을 했던 때로 돌아가게 된다. 새우 낚시를 하던 경험, 조개껍질을 줍던 시간, 갯벌 물웅덩이에서 게를 관찰하던 모습 등 잠들어 있던 기억 속의 장면이 머릿속에 떠오른다. 바닷가 냄새는 말이나 이미지보다 훨씬 더 강렬한 시공간으로 여행을 떠나게 만든다.

냄새는 어떻게 그토록 생생한 장면 속으로 우리를 데려다 놓는 것일까? 중계 구조에 의해 우회하여 뇌에 도달하는 시각, 청각과 달리 후각은 뇌로 곧장 전달되기 때문이다. 비강鼻腔은 공기에 직접 노출되는 작은 신경 조직으로 뒤덮여 있다. 점액으로 뒤덮인 콧속 윗부분 세포층을 지칭하는 후각상피는 우리 몸에서 온전하다고 말할 수 있는 신경조직 중 하나인데, 400여 개의 후각 수용기에서 생성된 정보를 전달하는 100만여 개의 뉴런 돌기를 포함하고 있기 때문이다. 이 뉴런들은 과학 용어로 체판cribriform plate이라고도 부르는 다공질의 사골판을 지나 후각 자극의 해석과 식별을 담당하는 첫 번째 뇌 중계소인 후구嗅

球에 합류한다.

　무척 복잡한 작업이지만 인간의 뇌는 이 과정을 효율적으로 잘 처리한다. 통계 추정을 토대로 한 최근 연구에서는 인간이 최소 1조 가지의 냄새를 구분할 수 있다는 사실을 입증했다.[1] 어찌 보면 코는 눈이나 귀보다 훨씬 더 민감하다고 할 수 있다.

　그런데 이 후구 자체도 뇌의 다른 영역들과 상호작용하는 능력을 가지고 있다. 특히 기억을 불러일으키는 데 결정적인 역할을 하는 뇌의 일부분을 거의 즉각적으로 활성화시킨다. 이

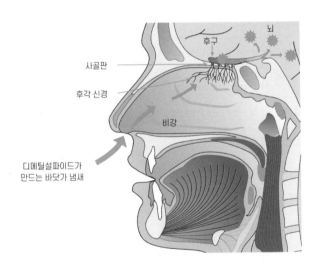

바닷가 냄새가 뇌에 인식되는 과정. 미역이나 플랑크톤이 분해된 결과로 생성된 분자와 결합하여 콧속 비강 안의 수백만 개의 뉴런 돌기를 포함한 후각상피를 통해 뇌를 직접 활성화시킨다.

　　　　　　　　　　　　　　자연이 우리를 행복하게 만들 수 있다면

구조가 바로 바닷물고기 해마처럼 말려 있는 특이한 형태를 띤 해마라는 곳이다. 우리의 고정관념과 달리 해마는 기억을 저장하지 않는다. 오히려 해마는 뇌의 다른 영역으로 향하는 일종의 교차로라고 할 수 있다. 해마는 특정 기억에 관여하는 뇌의 또 다른 영역, 그중에서도 처음 경험했던 기억을 간직하는 영역을 재활성화한다.

이 특성은 동물에게서도 발견되는데 특히 쥐에게서 두드러진다.[2] 연구원들은 이동하는 방법을 배우는 쥐를 관찰하면서 학습 당시 활성화되었던 뉴런이 다음 번 실험에서도 이동할 때 같은 순서로 재활성화된다는 사실을 발견했다. 동일한 순서로 재활성화되는 현상은 후각이 다른 어떤 감각보다도 우리를 과거의 어떤 순간, 어떤 장소 혹은 어떤 감정으로 곧장 데리고 갈 수 있는 이유가 된다.

끝없는 파랑

바다가 과거를 연상시키는 냄새로 당신의 폐를 채우기도 하지만 무엇보다도 바다는 우리의 마음을 진정시키고 평온하게 누그러트리는 파란색의 동의어라고도 할 수 있다.

인간이 단순히 파란색을 보는 것만으로도 측정 가능한 생리학적 효과가 나타난다는 사실이 실험을 통해 밝혀졌다. 예를 들어 우리가 푸른빛에 노출되면 피부의 전기 전도율이 줄어든다.[3] 이 현상은 땀샘 작용의 감소라는 결과로 나타나는 이완 효과다. 땀샘은 스트레스 상황에서 교감신경의 자극을 받는다. 그런데 파란색이 무한히 펼쳐진 바다를 바라봄으로써 땀샘 작용이 감소하면 피부의 전기적 특성에 작은 변화가 생기는데, 정확히 말하자면 피부의 저항력이 높아진다고 할 수 있다.

연구자들은 우리가 파란색을 볼 때 혈압이 낮아지고 호흡 속도나 심박이 느려지는 현상도 확인했다. 이러한 생리학적 효과는 다음과 같이 설명할 수 있다. 푸른빛은 뇌에 빛의 존재를 알리고 인지 기능을 자극하는 역할을 하는 멜라놉신melanopsin이라는 망막 색소에 직접적인 영향을 미친다. 그리고 멜라놉신은 인지능력 중에서도 특히 인간의 집중력을 향상시키는 데 큰 도움을 주는데, 이 과정은 굉장히 놀라운 현상이기 때문에 5장에서 더 자세하게 설명하겠다.

솔직히 말하면 바다의 파란색이 주는 효과에 대해서는 과학자보다 화가들이 훨씬 더 많이 알고 있다. 프랑스 화가 이브 클랭Yves Klein보다 파란색을 더 잘 구현해낸 화가는 없을 것이다. 프랑스 남부 지중해 연안 도시 니스에서 태어난 클랭은 캔버스를 파란색 하나로 채운 모노크롬 회화로 유명한 예술가다. 그의 모노크롬에서 파랑 외에 다른 색은 찾아볼 수 없다. 이브 클랭의 이러한 취향은 고향 하늘의 쪽빛을 바라보는 데에서 기인

자연이 우리를 행복하게 만들 수 있다면

했다. 어느 날 클랭은 이탈리아 아시시의 성 프란체스코 대성당 벽에 그려진 푸른 하늘을 보고 파란색의 중요성을 알아차렸다고 털어놓았다.

"파란색에 차원은 없다. (…) 다른 모든 색깔이 구체적이고 물질적이며 명백한 생각들의 조합을 떠올리지만 파란색은 기껏해야 바다와 하늘만을 떠올리게 할 뿐이다. 그렇기 때문에 눈에 보이고 손에 잡힐 듯한 자연에서 파란색이야말로 가장 추상적이다."[4]

클랭이 화폭에 담으려 한 것은 형이상학적 경험이었다. 그는 화폭에 비물질적이고 아무런 의미가 없는 텅 빈 공간, 관찰자로 하여금 다른 무언가에 마음을 여는 아주 독특한 정신 상태로 들어가게 하는 공간을 창조했다. 이를테면 관찰자가 작품을 통해 순수한 관망을 체험하는 것이다. 대상이 없는 지각은 다수의 불교 종파 중에서도 특히 선불교가 설파하는 '비어 있음空'을 경험하게 한다. 이브 클랭은 해변이 우리에게 주는 무한의 감각적 경험을 완벽하게 파악한 예술가인 것 같다.

해변을 보면서 우주와 일체가 되는 신비로운 경험을 하는 사람들도 있다. 심리학자들이 '대양감oceanic feeling'이라 표현하는 이 극도의 상태는 오래전부터 심리학자들의 관심을 끌어왔다. 예를 들어 오스트리아 심리학자이자 정신분석의 아버지인 지그문트 프로이트Sigmund Freud는 사막의 고요함, 산 정상에서의 아득함, 우주의 광활함 등 다른 자연 상황에서도 발견되는 이러한 경험에 매료되었다. 그가 일찍이 강조한 문장을 옮겨본다.

"파도와 조수의 움직임으로 끊임없이 흔들리는 바다는 그 어떤 것보다도 '영원에 대한 감각'을 살찌게 하는 순간적 운율을 나타낸다. 수평선이 소실점이 되는 바로 그곳이다."[5]

이러한 독특한 정신 상태는 독일 화가 카스파르 다비트 프리드리히Caspar David Friedrich가 그린 〈해변의 수도승〉에서도 발견된다. 그의 작품을 보고 있으면 대양의 무한함 앞에서 인간은 보잘 것 없는 작은 존재로 느껴진다.

프리드리히가 1808~1810년경 그린 〈해변의 수도승〉. 바다와 하늘이 그림을 압도하고 있고, 왼쪽 작은 언덕에 서 있는 수도승은 윤곽만 겨우 알아볼 수 있을 뿐이다.

자연이 우리를 행복하게 만들 수 있다면

우리를 안심시키는 대양

바다가 만드는 풍경이 안정감을 주는 이유는 무엇일까? 간단히 설명하면 우리는 바다 앞에서 본능적으로 어떤 위협도 감지하지 않기 때문이다. 실제로 뇌는 외부로부터 위험이 오는지 숨어서 지켜보고 있다가 뜻밖의 위험 신호를 감지할 때마다 경보를 울려 스스로 보호하고 생존할 수 있도록 설계되어 있다. 그런데 해변에서는 그 무엇도 파도의 단조로운 선율을 방해하지 않는다. 삐걱거리는 문소리, 아무 때나 뚫고 들려오는 자동차 경적 소리도 없다. 위협적인 자극에 즉각적으로 반응하는 정신적 안전 초소인 편도체는 안심을 주는 환경에서 완전한 휴식을 취한다.

아몬드의 또 다른 이름인 편도와 생김새가 비슷하여 편도체라고 이름 붙은 이곳은 감각에서 뻗어 나오는 신경섬유의 10퍼센트를 받는 중요한 영역이다. 보통대로라면 예상치 못한 광경을 목격하거나 불안한 소리를 듣는 등의 자극은 감각이 포착한 메시지가 반드시 거쳐야 하는 시상thalamus을 경유한다. 그 다음 시각, 청각 등 각각의 자극에 적합한 피질로 전달되어 그곳에서 평가되고 해석된다. 하지만 최근 연구원들은 시상에서 받은 메시지의 극히 일부가 피질을 거치지 않고 곧장 편도체로 전달된다는 사실을 발견했다. 그로 인한 결과는 굉장히 놀랍다. 우리는 일단 먼저 놀라서 펄쩍 뛴 반응을 보인 다음 놀라게 만든 대상을 인식한다는 것이다.

도시 안에서 편도체는 우리도 모르는 사이에 끊임없이 자극을 받는다. 이 현상은 사회적 스트레스 즉, 집단이 가하는 압박에 대한 뇌의 반응을 관찰한 연구에서 명확하게 밝혀졌다.[6] 독일 하이델베르크대학교와 캐나다 맥길대학교의 연구원들은 이러한 스트레스를 재현하기 위해 피험자에게 "아니, 다른 사람들은 계산을 다 잘 하는데, 왜 당신만 못하는 거죠? 진짜 수학을 못하시나 봐요"라고 지적하는 경멸적인 언사에 노출시켰다. 그런데 연구원들의 공격에 대한 피험자들의 뇌의 반응은 그들이 도시에 사는지 농촌에 사는지에 따라 달랐다. 농촌에 사는 피험자에 비해 도시에 사는 피험자의 편도체가 과도하게 스트레스를 받고 활성화된 것이다.

단지 도시에 살았다는 이유만으로 편도체는 치료할 수 없을 정도로 손상되기도 한다. 어릴 때 몇 년간 도시에서 살다가 농촌으로 이사한 사람에게서도 같은 현상이 발견된다. 그들이 농촌으로 이사한 후에도 편도체는 오랫동안 아주 작은 스트레스에도 경보를 울렸다. 따라서 도시는 인간의 행동방식에 영향을 미칠 뿐만 아니라 뇌에 가해지는 스트레스 강도마저 변형시킨다고 할 수 있다. 농촌보다 도시에서 신경질환의 발병 위험이 높은 것도 아마 이러한 이유에서일 것이다. 특히 도시에 거주

자연이 우리를 행복하게 만들 수 있다면

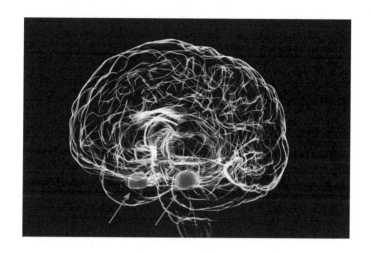

화살표로 표시된 부분이 편도체다. 도시에 사는 사람들의 편도체는 농촌에 사는 사람들의 편도체보다 과잉 활성화되는 경향이 있다.

자들의 정서장애 발병 위험은 39퍼센트, 불안장애가 21퍼센트 증가한 것으로 나타났다.[7]

반대로 바다를 바라볼 땐 경계 상태가 활성화되지 않기 때문에 편도체가 평온을 되찾고 쉴 수 있다. 바다 앞에서 뇌는 무의식적으로 어떠한 위협도 없음을 알아차리고 휴식을 취하기 시작한다. 이처럼 편도체를 완전히 종료해 주는 시간이 스트레스가 주는 해로움을 상쇄시킬 가능성이 높다.

수면을 돕는 애플리케이션도 비슷한 원리다. 이어폰을 통해 마음을 편하게 해주는 파도의 소리 혹은 자연의 소리를 들려주면서 안정감을 주는 환경 속에 있다는 착각을 뇌에 불러일으키는 것이다. 돌고래가 내는 휘파람, 고래의 노래, 갈매기 울음소리 등[8] 바다나 다른 자연환경에서 사는 동물의 소리를 들을 때도 있다. 아침에 기분 좋게 일어나기 위해 이러한 소리가 가져다주는 이완 상태를 활용하는 사람들도 있다. 끊임없이 밀려왔다 밀려가는 파도의 반복적인 소리가 우리를 깊은 이완 상태에 도달할 수 있도록 도와주는 이유는 무엇일까?

내면의 바다에 일렁이는 파도

아기를 요람에 뉘어 흔들어 재우는 것과 비슷하게 파도의 소리를 들으면 뇌는 뇌파라고 부르는 특별한 생리작용을 일으킨다. 고요한 상태에서 발생하는 뇌파의 존재를 최초로 증명한 사람은 독일의 위대한 의학자 한스 베르거Hans Berger다. 베르거는 1924년 1만 분의 1볼트의 정밀도를 가졌던 당시 최고 수준의 전류 측정기를 사용해 두피 표면에 흐르는 마이크로 볼트 수준의 미세한 전기 파동을 발견하고 이를 기록했다.

베르거는 피질에서 발생하는 전기 활동이 예상과 달리 무질서한 소리와는 거리가 멀며, 사라졌다 다시 활성화되기를 반복하는 일종의 파도와 비슷한 파동 형태를 띤다는 사실을 발견했다. 또한 전류 측정기를 통해 피험자가 깨어 있긴 하지만 딱히 특정 생각에 초점을 맞추지는 않는 평온한 상태일 때에도 뇌파

자연이 우리를 행복하게 만들 수 있다면

가 생성되는 현상을 감지했다. 알파파라고 불리는 평온한 상태에서의 뇌파는 진동수가 10헤르츠, 즉 초당 10회에 달한다. 엄청난 발견이었다. 인간이 쉴 때에도 뇌는 뇌파를 일으키고 있던 것이다.

인간이 이완된 상태나 회복 상태에 도달하기 위해서는 적절한 진동수가 필요하다.[10] 갓난아이를 달래거나 재우기 위해 부르는 자장가도 비슷한 원칙이다. 또한 반복적인 소리로 의식 상태의 변화를 꾀하는 발상은 인류 역사에서 오래되었다. 중심에 장작불을 피워놓고 거행되는 샤머니즘의 의식에는 규칙적인 리듬, 북소리, 박수, 노래 그리고 춤을 추는 사람들이 만들어내는 흔들리는 불빛이 동반되었다.

베르거의 발견 후 몇 세기가 지나 연구원들은 바다를 볼 때 발생하는 시각적 자극과 바다의 소리를 들을 때 발생하는 청각적 자극이 뇌파를 동기화시킨다는 사실을 밝혀냈다.[9] 바다가 규칙적인 소리와 물빛의 광경을 만들어내기에 우리는 바다 앞에서 그토록 안정을 느낄 수 있던 것이다.

여기까지 살펴보면 바다가 주는 혜택이 단지 스트레스를 풀어주거나 긴장감을 이완시키는 데에서 그친다고 착각할 수 있다. 날아다니는 갈매기 아래서 하는 바닷가 산책을 그저 캐모마일차 한 잔을 마시는 격이라고 생각하는 것이다.

역사학자 알랭 코르뱅Alain Corbin이 저서《공허의 영토Le

Territoire du vide》[11]에서 묘사했듯 인간과 바다의 관계는 항상 양면적이었다. 지난 몇 세기 동안 인간에게 바다는 재앙의 온상이자 두려움을 일으키는 악의적인 세계였다. 그러나 18세기부터 바다에 대한 관점이 긍정적으로 변하기 시작했는데, 그 이유는 바다가 인간에게 상상 이상의 혜택을 가져다준다는 사실이 널리 퍼졌기 때문이다.

18세기 이후 바닷가는 도시민의 우울증을 치료하거나 로빈슨 크루소의 모험을 고무시키는 은퇴 이후의 휴식처 혹은 회복의 장소로 탈바꿈했다. 의사들이 환자들에게 바닷가에 자리잡은 특수 진료소에서 온천 치료를 받으라고 권하기 시작한 것도 그 즈음이다. 바닷가에 세워진 특수 진료소에서는 천식, 신진대사 장애, 관절통, 류머티즘, 좌골신경통 등 서로 연관이 없는 질환을 폭넓게 다뤘다.

오늘날까지도 바다가 주는 치유의 효험은 미량원소, 미생물, 해초, 바닷물의 염분과 같은 바다를 이루는 요소들의 약리학적 특성 덕분에 널리 알려졌다. 현재 40여 개의 해양 혼합물이 진통제, 항생제, 항암 효과가 있는 분자 개발을 위한 임상실험의 대상이 되었다. 10여 개의 분자는 이미 상용 의약품으로 개발되기도 했다.

최근 연구에서 밝혀진 놀라운 사실은 바다가 인간의 정신에도 좋은 영향을 준다는 것이다. 뉴질랜드 웰링턴시의 거주민을 대상으로 한 연구에서 바다가 보이는 집에 사는 사람들이 통계적으로 심리적인 질환을 덜 겪는다는 사실이 밝혀졌다.[12] 앞서 2장에서 살펴보았듯 숲의 초록을 보는 것도 심리적 만족감을 향상시키지만, 어쩌면 파란색을 보는 것이 초록색을 보는 것보다 정신 건강에 더 큰 효험을 가져올 수도 있는 것이다.

2016년부터 2020년까지 시행된 블루헬스 프로젝트는 강, 호수, 바다와 같은 파란색의 자연환경이 인간의 건강에 끼치는 긍정적인 영향을 특정하고 정량화하기 위해 열여덟 개 나라에서 1만 8천 명의 정신 건강을 연구했던 프로젝트다.[13] 블루헬스 프로젝트는 주로 심리적인 질환을 앓는 피험자의 진료 기록과 치료받은 자료 내역을 수집하여 분석했는데 그 결과는 2020년 12월 공식 발표되었다.[14] 동일한 수의 인구를 놓고 비교했을 때 바닷가에 거주하는 피험자의 치료 횟수가 주변에 녹지 존재 여부에 상관없이 도심에 사는 피험자들에 비해 현저히 낮았다. 바다와 근접한 곳에서 사는 것이 정신 건강에 이롭다는 사실이 분명해졌다.

물론 답을 찾아야 할 의문점들은 여전히 남아 있다. 바다의 파란색을 보는 것만으로 정신 건강에 이로운 효과를 본 것인지, 아니면 파도의 소리나 바다의 냄새와 같은 다른 감각의 자극이 동시에 개입한 것인지는 아직 밝혀지지 않았다.

그러나 과학자들은 연구 결과를 근거로 삼으면서 정신질환으로부터 큰 타격을 받고 재정적 이유로 바다에서 멀리 떨어져 살 수밖에 없는 도심의 최빈곤층이 겪는 우울증과 불안을 해소하기 위해 계속해서 바다 치유를 권장한다.

바다를 항해하는 상징적 위인인 미셸 자우앙Michel Jaouen 신부도 아마 바다의 치유력을 직감했던 것 같다. 이 바다의 사제는 1970년대부터 비행을 저지르는 청소년 범죄자들과 함께 범선을 타고 도심에서 벗어나 먼바다를 향해 항해했다. 방황했던 어린 영혼들은 등대라고 부르는 신부의 낡은 범선을 타고 바다와 접한 평온한 항구에 무사히 도착할 수 있었다.

자연이 우리를 행복하게 만들 수 있다면

4장

물 위를 떠다니다

"물에 둥둥 떠 있을 때 느끼는 육체적, 정신적 행복은

과거에 엄마 품에서 느낀 긍정적 경험이

저 멀리에서 메아리쳐 오는 것이다."

태초에 물이 있었다. 우리가 엄마의 배 속에서 9개월간 잠겨 있던 양수다. 양수에서의 기억은 어느 순간 저편으로 사라졌지만 우리가 수생환경에서 부유하던 시절의 감각은 뇌에 깊은 자국을 남긴다.

　임신 2개월에 접어들면 태아의 입 주위에서 촉각 수용기가 생기기 시작하고 5개월째에 몸 전체로 퍼진다. 8개월에 접어들어서는 자궁이 태아를 감싸 조이기 때문에 촉각 수용기가 자극을 받는 일이 잦아진다. 양수의 파도로 인해 태아 몸이 자궁 내벽에 접촉하기 때문이다.

　태아의 입장에서는 자기 몸과 엄마 몸의 구분이 아직 명확하지 않기 때문에 촉각 수용기를 통해 들어오는 자극은 대부분 비슷비슷하게 느껴진다. 그러나 이러한 자극들은 점차 태아의 중추신경계를 조직하고 일련의 움직임을 통괄하는 운동반응을 일으킨다. 또한 자극을 통해 아기는 점차 자신이 독자적 존재라는 사실을 이해하기 시작한다. 촉각 자극이 엄마에게 기쁨을 주는 만큼 태아에게도 큰 기쁨으로 작동하는데, 엄마와 동시에 느끼는 자극은 엄마와 태아 간의 상호작용이 되어 초창기 소통을 도와준다. 이 상호작용은 태아가 엄마에게 느끼는 유대감과 세상에서 느끼는 소속감의 시초가 된다.

이렇게 까마득한 양수에서의 기억을 소환한 데에는 이유가 있다. 바로 물에 푹 잠기는 것, 목욕하는 것은 우리의 태초의 감각을 일깨운다. 잔잔한 호수 표면이나 조용하고 평온한 바다의 수면에 둥둥 떠 있다고 상상해 보자. 파도가 이끄는 방향으로 몸이 흔들리면서 마치 무중력 상태처럼 몸이 가볍다. 물에서 신체는 완전히 이완된다. 마치 몸이 녹아버리는 느낌이다. 쉴 새 없이 밀려오고 빠져나가는 파도에 기진맥진한 모래성이 된 기분이다. 시간을 초월한 것처럼 느껴진다. 완전히 벗은 상태로 눈을 감고 물에 둥둥 떠 있는 상태는 자궁에서 첫 번째 물놀이를 했던 순간으로 나를 데려간다.

숨어 있는 내적감각을 찾아서

물속에서 헤엄치는 순간이 그토록 편안하고 달콤한 이유는

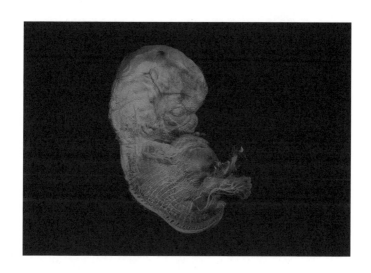

머리 둘레가 1센티미터도 되지 않는 8주 된 태아의 신경계. 자궁의 양수에서 자라난 인간은 생애 초기부터 이미 대양감을 경험했다.

무엇일까? 좀 더 과학적인 관점에서 살펴보자. 접촉한 물 덕분에 인간은 피부로 둘러싸인 몸을 느낄 수 있다. 목욕할 때 몸을 둥둥 띄우고 물이 어루만지는 감각에 집중해 보자. 움직이지 않는 상태여도 물이 훑은 감각이 근육에 꽤 남아 있음을 알 수 있을 것이다. 이것이 자기수용성감각이다.

자기수용성감각은 1906년 영국 생리학자 찰스 스콧 셰링턴 Charles Scott Sherrington이 발견했다. 그는 특정 공간에서 몸의 자세, 운동, 방향을 인지할 수 있는 감각을 자기수용성감각이라고 명명했지만 다른 과학자들은 이를 근육감각이나 운동감각이라고 부르기도 한다.

다시 말해 자기수용성감각은 몸의 위치를 가늠하는 내적감각의 일체다. 예를 들어 서 있는 채로 눈을 감았을 때 팔이 다리보다 높은 위치에 있음을 느낀다. 이것은 우리의 내부에서 지각한다는 차이만 있을 뿐 익히 알고 있는 시각, 청각, 후각, 촉각, 미각과 같은 분명한 감각 중 하나다. 그러나 이는 좀처럼 파악하기 힘든 감각이기도 하다. 눈을 감고 팔을 흔들면 쉽게 팔의 자세를 인지할 수 있지만 팔을 꼼짝 못하게 만들면 내적감각은 사라져서 팔이 어디에 있는지도 알기 힘들어진다.

하지만 부동의 상태에서도 자기수용성감각을 경험할 수는 있다. 예를 들어 얼굴, 어깨가 긴장된 상태로 유지될 때가 있다. 가볍게 지속되는 무의지적인 긴장이 근육에 남아 있는 상태로, 이를 근긴장이라 부른다. 수축 상태는 움직이지 않는 상태에서도 신체의 균형을 안정적으로 유지시켜주기 때문에 근육에 있어서 필수불가결하다.

그런데 이러한 잔류성 긴장은 심리적인 요인과 직접적으로 결합하기도 한다. 우리는 근육의 긴장 정도와 감정 사이에 상호의존성이 존재한다는 것을 이미 경험으로 알고 있다. 두려움, 불안, 시기, 분노, 걱정과 같은 심리적으로 긴장 상태에서 몸의 일부가 다른 곳보다 더 수축되어 있음을, 그리고 그곳을 완전히 이완시키기 어렵다는 것을 느낄 수 있기 때문이다. 꽤 오랫동안 지속되기도 하지만 이러한 긴장은 지각되지 않다가 뒤늦게 알

자연이 우리를 행복하게 만들 수 있다면

아차릴 때가 많다. 그러므로 휴식을 취하고 있을 때에도 지각, 생각 그리고 감정은 모르는 새에 신체에 영향을 미친다고 볼 수 있다. 근긴장은 무의식적으로 뇌의 영향을 받는다.

다시 물놀이의 현장으로 돌아가 보자. 물에 둥둥 떠 있으면 완전한 이완에 가까워질 수 있고 자기수용성감각은 거의 사라진다. 만약 수십 분에 이르도록 오랫동안 떠 있으면 각성과 수면의 중간 상태에 이른다. 호흡은 규칙적이고 느려져 복부까지 내려오고 머릿속 생각은 빙빙 돌기를 멈춘다. 그리고 이내 고요함, 평온, 안정감이라는 기분 좋은 감각이 자리 잡는다. 자의식과 신경을 곤두세우던 주변 의식은 흔들리고 점차 흐릿해진다.

대양감 받아들이기

물과 하나가 된 듯한 감각의 착각을 대양감이라고 한다. 대양감에 대한 예술적인 묘사들은 문학작품에서 여럿 찾을 수 있다. 프랑스 소설가 로맹 롤랑Romain Rolland은 어렸을 때부터 대양감을 경험했다고 한다. 롤랑은 1920년대에 프로이트에게 보내는 편지에서 물놀이를 할 때 느끼는 본능적인 행복감에 대해 털어놓았다. 롤랑이 느끼는 행복은 "영원히 지속될 것 같은 느낌. 이를테면 한계도 경계도 없는 '망망대해 같은' 감각"[1]이었다.

장 자크 루소는 스위스 뇌샤텔의 비엘 호수에서 작은 배에 홀로 누워 있을 때 대양감을 느꼈다.

"밀려왔다 밀려가는 물. 한결같으면서도 간간이 커지는 물소리가 쉴 새 없이 귀와 눈을 두드린다. 몽상이 사위는 내면의 움직임을 보완해 주었고, 생각하는 수고를 들일 것도 없이 나의 존재를 충분히 느끼게 만들었다. 가끔 세상의 덧없음에 대한 희미하고도 짤막한 단상이 떠오르면서 수면에 그려지기도 했지만, 나를 달래주는 연속적이고 규칙적인 물결이 이내 그 단상을 지워주었다. 내 마음이 적극적으로 협조하지 않는데도 물의 움직임이 나를 단단히 붙잡아두는 통에 이미 시간이 한참 지났음에도 쉽사리 그곳을 떠날 수가 없을 정도였다."[2]

최면 상태에 빠진 루소는 물과 자신 사이에 일종의 평행론을 경험한다. 바깥의 물의 움직임이 루소의 내적 물결을 대체한 것이다. 파도의 리듬은 영혼의 깊은 곳에서 일어나는 가장 내밀한 감정의 울림이다.

루소의 묘사를 나름대로 재해석해 보자면, 물놀이는 자신과 세상의 완벽한 조화의 순간을 경험하게 해준다고 할 수 있다. 잠시 동안 시간이 멈추고 우리는 자의식을 잃는다. 하지만 자의식을 잃는다고 할지라도 어떻게 내가 나 자신이 아닌 순간이 있을 수 있을까? 터무니없는 질문처럼 들리는 이유는 우리가 생각의 주체 이외의 다른 무엇이 될 수 없기 때문이다.

하지만 자의식 혹은 넓은 의미에서의 개인 정체성은 상황에

　　　　　　　　　자연이 우리를 행복하게 만들 수 있다면

좌지우지되는 변동적인 상태를 경험한다. 그렇기 때문에 자기 자신이라는 느낌은 개인을 둘러싼 물리적 공간이 주는 감각적 정보에 의해 달라지게 된다. 물속에서 감각을 차단시키는 것처럼 만약 감각적 정보를 제공하는 환경이 사라지면 정체성은 혼란을 겪는다. 미국 심리학자들이 '변화된 의식 상태altered state of consciousness'라고 명명했던 강렬한 경험을 맛보는 것이다.

사람들이 신비롭다고 말하는 체험 중 일부는 종교적 상태에 가까워진다. 감히 비유를 해보자면 종교에서 우주 혹은 신과 대화하는 기도의 순간과 물놀이 체험의 평온 상태에는 놀라운 평행선이 존재한다. 역사학자 알랭 코르뱅이 저서《침묵의 예술》에서 말했듯 기도를 하려면 침묵을 유지하는 것이 좋다. 외부의 소음은 물론이고 걱정과 근심 같은 감정의 소용돌이에서 들려오는 소음이 일시적으로 잦아들거나 소거되도록 함으로써 사물을 있는 그대로 보지 못하게 막는 마음의 소란을 잠잠하게 만들기 때문이다.

우리가 자연에 잠길 때[3] 혹은 물 위에 둥둥 떠 있거나 유영할 때 자연스럽게 이러한 '자아의 침묵'이 솟아오르지 않는가? 약간의 동기부여도 필요하다. 몸이 대결이나 대립의 관계가 아닌 신뢰와 융합의 관계로 자연을 마주하기 위해서는 일단 물에 들어가기로 마음먹어야 하기 때문이다.

기원으로 회귀하다

물속에서의 대양감이 강렬할 때 인간은 아기였던 자신과 세상이 일체되었던 자궁에서의 기억으로 돌아간다고 앞서 가정했다.[4] 이 추억의 실체를 증명하는 것은 어렵겠지만 태아기와 성인의 건강 사이에 잠재적 연관성을 밝히기 위한 수많은 연구가 있었다. 특히 임신 7주부터 20주 사이에는 신체적 쾌락이나 고통뿐만 아니라 행복과 스트레스를 전달하는 신경이 태아 안에서 거의 완전한 상태로 구축된다는 사실은 이미 밝혀졌다.

이때 태아와 엄마 사이, 태아와 환경 사이에 풍부한 교류가 일어나고, 이러한 교류는 태아의 인생 전체에 결정적인 영향을 미친다. 자궁 안에서의 경험은 대부분 긍정적이고 뇌 회로와 면역계를 비롯한 인체의 다른 시스템에도 그 흔적을 남긴다. 물에 둥둥 떠 있을 때 느끼는 육체적, 정신적 행복은 과거에 엄마 품에서 느낀 긍정적 경험이 저 멀리에서 메아리쳐 오는 것이다.

본능적으로 친근하고 물에 끌리는 이유는 인간이 물에서부터 기원하여 물 밖으로 나와 살기 때문일지도 모른다. 영국 해양생물학자 앨리스터 하디Alister Hardy는 이러한 인간의 직감을 정확히 파악했다. 하디는 식물성 플랑크톤 전문 생물학자로 1920년대 최초의 남극 탐험에 참여해 유명해졌다. 하디는

자연이 우리를 행복하게 만들 수 있다면

'수생 유인원 이론' 즉, 영장류가 수생환경에서 태어나 진화했기 때문에 인간의 몸은 물에 긍정적으로 반응하도록 프로그램화되었다는 이론을 옹호했다. 수생 유인원 이론은 여전히 많은 논란을 불러일으키고 있지만, 호기심 많고 관찰력이 뛰어났던 인류 조상이 바다와 해안이 제공하는 놀라울 정도로 풍부한 식량과 풍요로운 지각을 발견하지 못했다고 상상하기는 어렵다. 무엇보다도 우리 마음에서 자연스럽게 발현되는 자연 친화적인 마음, 즉 자연과의 내재적 연결이 물속에서 대양감도 솟아나게 만드는 것이 아닐까?

부유 상태에서의 뇌

과학자들은 우리가 물의 표면에서 부유할 때 뇌에서 어떤 일이 일어나는가를 이해하기 위해 연구의 범위를 확장시켰다. 미국 국립정신건강연구소National Institute of Mental Health의 연구원 존 릴리John C. Lilly는 이 분야에서 선구적 역할을 한 뇌신경과학자 및 정신의학자로 인간의 부유 상태를 관찰하기 위해 1954년 특수한 장치를 고안했다. 그가 개발한 장치는 피부 온도에 맞춘 소금물에 몸을 담글 수 있도록 만든 고치형 캡슐로, 일종의 감각 차단 탱크라고 볼 수 있다. 릴리는 모든 외부 영향이 차단된 환경에서 사람의 뇌에서는 어떤 일이 일어나는지 연구하기 위해 감각 차단 탱크를 고안했고, 이 기법을 약어로 휴식REST이 되는 '제한된 환경 자극 요법Restricted Environmental Stimulation Technique'이라 명명했다. 탱크 안에서는 빛과 소리가 완벽하게 차단되고 그 안에 들어가면 몸은 진공 상태처럼 물에 둥둥 떠오르며 깊은 이완 상태에 빠진다.

이 장치를 이용한 릴리의 첫 번째 실험은 과학계를 충격에 빠트렸다. 탱크 안에서 몇 시간을 보낸 피험자 모두가 수면이나 혼수상태에 빠지지 않았다. 일부 피험자는 오히려 그와 반대로 또렷한 정신 상태로 경탄하면서 탱크 밖으로 나왔고 자신들이 극단적 이완 상태에 도달하여 강렬한 환시幻視를 경험했다고 주장했다.[5] 실험의 주최자였던 존 릴리 역시 장치 안에서 이러한 내적 여정을 겪었고 강렬했던 당시 경험은 그의 인생을 바꿨다. 릴리는 이내 과학 연구를 포기했고 1980년대 뉴에이지 음악의 대가가 되었다.

자아 네트워크를 찾아서

지금까지 우리는 감각이 차단되었을 때 변화된 의식 상태로 전환되는 이유를 알아보았다. 고요하고 텅 빈 공간에서 몸이 부유할 때 뇌는 생리학적 활동을 최소화하여 휴식을 취하는 에너지 절약 모드로 돌입한다고 생각할 수 있지만, 사실 정반대

자연이 우리를 행복하게 만들 수 있다면

의 현상이 일어난다. 휴식을 취하는 동안에도 뇌는 강렬한 무의식적 활동이 활개를 치는 공간이 된다. 이 사실은 2001년 미국 워싱턴대학교 신경학과 교수 마커스 라이클Marcus Raichle이 발견했다. 라이클은 존 릴리가 발명한 감각 차단 탱크를 활용하지 않고, 피험자들을 기능적자기공명영상장치fMRI로 촬영하여 데이터를 기록했다. 피험자들이 사전에 받은 지시는 딱히 무언가를 생각하지 말라는 것이 유일했다.[6]

기록을 분석하던 라이클은 한 가지 눈에 띄는 현상을 발견했다. 피험자들의 거대한 뇌 활동 파동이 뇌의 넓은 영역망을 관통하는 것이었다. 이 파동은 10초에 한 번씩 잇따라 일어나고 대개 같은 영역에서 생성되었다. 해당 영역은 뇌의 앞쪽에 있는 전두엽과 뇌의 양쪽 옆면 부분이었다. 몸이 휴식 상태에 들어가면 두 영역이 일제히 깜빡거리는데, 멀리 떨어져 있음에도 동시에 깜빡거리는 것을 보면 서로 연결된 하나의 조직망에 속한다는 사실을 알 수 있다. 두 영역을 잇는 연결망은 우리의 주의가 외부 자극으로 향하지 않을 때에만 작동하기 시작한다. 라이클은 뇌 안에 있는 이 고속도로를 '디폴트 모드 네트워크 Default Mode Network, 내정상태회로'라고 명명했다.

디폴트 모드 네트워크의 발견이 감각을 차단했을 때 일어나는 현상을 이해하는 데 중요한 이유는 무엇일까? 미묘하게도 디폴트 모드 네트워크가 자아감과 연계성이 높기 때문이다.

인간은 평소 스스로 생각하는 능력을 부여받은 독립된 개인이라고 느끼기 때문에 반론의 여지가 없는 사실처럼 보인다. 그러니 자아감이 자연스럽고 간단한 문제로 느껴지는 것이 당연하다. 하지만 자기 자신과 타인에 대한 구별은 뇌 안에서 수많은 특수 조직망이 개입하는 복잡한 과정의 결과다.

이 분야에 대한 연구는 시작 단계이기 때문에 자의식이란 무엇인지 명쾌하게 말할 수는 없지만 fMRI를 통해 뇌에서 일어나는 자의식의 원리는 자세히 밝혀졌다. 특히 최근에는 fMRI가 시공간에서 자신을 하나의 개인으로 인식하는 인간의 능력에 결정적인 역할을 하는 두 개의 조직망 일체를 방대한 디폴트 모드 네트워크 안에서 발견했다.[7]

먼저 후측대상피질posterior cingulate cortex이라고 부르는 부분과 이곳에 밀접하게 결합된 쐐기앞소엽precuneus을 포함한 디폴트 모드 네트워크의 배측背側 부분의 활동은 물리적, 사회적 세상과 분리된 개인을 인식하는 감정과 연결되어 있다. 이 영역 덕분에 우리는 자신을 타인과 다르다고 느낀다.

한편 내측측두피질medial temporal lobe의 활동은 '나는 과거에 무엇이었다', '현재 무엇이다', '미래에 무엇일 것이다'처럼 일련의 시간 속에서 인식하는 자아감과 상관관계가 있다.[8] 이러한 시간적 일련성은 우리가 겪은 경험을 하나의 일관된 집합체로 묶는다.

자연이 우리를 행복하게 만들 수 있다면

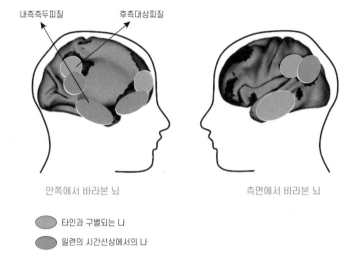

내측측두피질 　　　후측대상피질

안쪽에서 바라본 뇌　　　　　　　　측면에서 바라본 뇌

타인과 구별되는 나

일련의 시간선상에서의 나

디폴트 모드 네트워크는 시간과 공간 안에서 특정한 개인을 인식하는 데 기반이 되는 두 개의 하위 네트워크를 포함한다.

따라서 이 두 영역의 조직망은 인간의 정체성 형성의 근간을 이룬다고 할 수 있다. 연구자들은 이 두 조직망을 가리켜 '자아 네트워크'라고 부르기도 한다.[9]

타인과의 경계를 흐리는 기술

다시 본론으로 돌아가 보면 대양감이 자아 네트워크로부터 기원한다는 사실을 알 수 있다. 그 이유는 무엇일까? 이 네트워크 활동이 변형되면 자아의 해체라는 경험이 뒤따른다는 단순한 이유에서다. 미국 예일대학교 의과대학의 심리학자 저드슨 브루어Judson Brewer의 연구를 자세히 살펴보자.

브루어는 깊은 명상으로부터 세상과 융합되는 감정을 느낄 수 있는 십여 명을 선발하여 fMRI로 뇌를 촬영했다.[10] 물론 스캐너 안에서 피험자가 꼼짝 못하고 있는 상황은 변화된 의식 상태를 실험하기에 편안한 상태는 아니었다. 하지만 이는 뇌 활동을 정확하게 살펴볼 수 있는 유일한 방법이었다. 몇 번의 과정을 거친 후 환경에 익숙해진 피험자들은 스캐너 안에서 명상하는 데 성공했다. 브루어는 피험자들이 대양감을 느끼는 동안 그들의 뇌 안에서 디폴트 모드 네크워크가 평소와 다르게 작동하는 현상을 관찰할 수 있었다. 결론부터 말하자면, 명상 중에 자아 네트워크의 일부인 후측대상피질의 일하는 강도가 낮게 나타났다. 이 실험 결과 대양감과 자아 네트워크는 후측대상피질을 동전의 양면처럼 비활성화하거나 활성화한다고 말할 수 있었다.

당신은 후측대상피질이라는 뇌의 작은 영역을 비활성화하여 인간이 대양감을 경험함으로써 구체적으로 무엇을 배우거나 얻을 수 있는가 물을지도 모른다. 대양감으로 대단한 사실을 깨달을 수 없다는 건 확실하다. 하지만 과학은 정신과 뇌의 상관관계를 해석할 뿐이라는 사실을 기억할 필요가 있다. 이러한 상관관계는 인과관계의 논거가 될 수 없다.

그러나 단순화의 위험을 무릅쓰고라도 이러한 관찰을 통해 대양감이 인간의 뇌에 생물학적으로 기재되어 있다고 생각해봄직하다. 실험에서 얻은 쾌거는 여기서 그치지 않았다. 뇌의 해당 영역의 활동이 변형된다면 개인과 세상을 가로지르는 경계가 희미해지다가 특수한 상황에서는 그 경계가 아예 사라질 수도 있음을 확인했다. 부유 상태와 비슷한 조건이 뇌 활동에 변화를 일으켜 뇌가 자아에 덜 집중하게 만들거나 개인을 자기중심적인 상태에서 벗어나게 만드는 미래를 꿈꾸는 것도 결코 불가능하지 않다.

무중력 테라피

부유 상태를 활용한 무중력 테라피floatation therapy의 효과에 대한 연구는 아직까지 다양하게 실시되진 않았다. 하지만 무중력이 환자의 신체적 고통을 다스리는 데 유용하다는 증거는 다년에 걸쳐 축적되었다.[11] 특히 섬유근육통을 줄일 수 있는 실마리를 제공한다.

섬유근육통은 심각한 근골격 통증을 유발하는 만성질환으로 근육에 지속적인 둔통鈍痛을 일으키고 환자에게 엄청난 피로감을 느끼게 만든다. 2012년 섬유근육통을 앓고 있는 81명의 환자를 대상으로 연구를 진행한 결과, 무중력 테라피가 근육의

통증과 긴장을 눈에 띄게 감소시킨다는 사실이 밝혀졌다.[12]

또한 부유 상태는 심리적 차원의 불안을 다스리는 데에도 효과적일 수 있다. 사람이 일시적으로 불안을 느끼는 것은 정상적인 상태이지만, 불안장애를 갖고 있는 사람들은 비교적 과도한 감정에 사로잡힌다. 불안장애를 앓고 있는 환자에게는 공황부터 전신에 일어나는 지속적인 경련까지 다양한 증상이 나타난다. 그런데 2018년 다양한 불안장애를 겪고 있는 50명을 대상으로 한 연구에 따르면 한 시간 동안 무중력 테라피를 받은 피험자들의 불안이 크게 줄어드는 것을 확인할 수 있었다.[13] 하지만 이러한 연구들에서 얻은 결론은 피험자의 수가 워낙 적기 때문에 제한적일 수밖에 없으므로 무중력을 치료 체계에 포함시키기 위해서는 병리학 차원의 활발한 연구가 더욱 필요하다.

자연이 우리를 행복하게 만들 수 있다면

5장

새벽의 여명을 맞이하다

"반짝이는 여명을 바라본 순간

머릿속을 어지럽히던 문제는 별것 아니었음을 깨닫는다."

하루 중 마음이 가장 맑아지는 순간을 꼽으라면 하늘마저 온통 푸르게 변하는 새벽을 말할 것이다. 프랑스 누벨바그의 거장 에릭 로메르Éric Rohmer 감독은 새벽의 작은 기적을 노래한 영화를 제작하기도 했다. 그의 단편영화 〈레네트와 미라벨의 네 가지 모험〉의 주인공 두 소녀는 오전 4시경 들판 한가운데서 만난다.

　"두 소녀는 자연이 호흡을 멈추는 이 순간을 기다렸다. 밤의 존재들은 잠들고 낮의 존재들은 아직 일어나지 않은 비현실적인 순수한 순간이다. 오묘한 파란색으로 물드는 하늘 아래 압도할 만큼 적막한 고요가 밀려든다. 겨우 1분 정도 혹은 1분도 안 되는 순간을 사람들은 '푸른 시간'이라고 부른다."[1]

　이 문장은 문학작품의 일부이기도 하고 〈레네트와 미라벨의

네 가지 모험〉의 대사이기도 하다. 프랑스인들은 새벽이 오기 전 완벽한 정적 속에서 태양이 수평선 바로 아래에 떠 있는 이 순간을 '개와 늑대의 시간'이라고도 부른다. 날씨가 좋고 오염도 없고 수평선도 탁 트여야 하는 등 여러 조건이 맞아야만 감상할 수 있는 경관이라서 도시에서는 좀처럼 보기 힘들다. 쉽게 볼 수 없는 파란색으로 가득 찬 하늘에서 깊은 색감의 이미지를 포착할 수 있기 때문에 특히 사진작가들이 좋아하는 순간이기도 하다.

새벽의 여명이 주는 독특한 아름다움에 푹 빠진 한 도시인이 있으니 프랑스 사회학자 레미 우드기리Rémy Oudghiri다. 우드기리는 아침에 떠오르는 햇살을 감상하기 위해 매일 오전 5시에 일어난다. 자기를 '새벽을 찾는 사람'이라고 소개하는 우드기리는 운동을 하거나 다른 사람보다 먼저 일을 시작하거나 명상을 하기 위해 새벽 알람을 맞추는 것이 아니다. 그가 새벽을 기다리는 이유는 아무것도 하지 않기 위해서다. 그저 새벽에 다르게 존재하고 싶을 뿐이다. 다시 말해 사회적 시간의 속박에서 벗어나 자신을 위한 시간이 주는 행복을 맛보고 다른 방식으로 보거나 생각할 여유를 갖기 위해서다.

나도 기회가 될 때마다 여명과 일출 사이의 시간을 즐긴다. 이 1분 남짓한 시간은 그 순간을 특별하게 만드는 감각적 특성이 있다. 당신도 언젠가 한참을 뒤척이며 잠들지 못하다가 뜬

눈으로 밤을 보낸 후 이러한 경이로운 경험을 한 적이 있을 것이다. 우울한 기분으로 선잠에서 깨어나고 도저히 해결될 기미가 보이지 않는 터무니없는 생각이 끊임없이 머릿속을 맴돈다. 밤을 꼬박 새고 새벽이 찾아와 침울한 기분으로 아무 생각 없이 떠오르는 태양을 흘끗 본 그 순간, 거대한 고요함이 당신을 사로잡았고 어두운 생각들은 기적처럼 흩어져 사라진다. 반짝이는 여명을 바라본 순간 머릿속을 어지럽히던 문제는 별것 아니었음을 깨닫는다. 새벽빛이 당신의 감정에 영향을 미친 것이다.

햇빛은 생체시계 조율사

새벽에 기쁨이 소생하는 놀라운 경험은 우연이 아니라 지극히 생물학적인 현상이다. 정확히 말하자면 태양의 빛이 뇌에 미친 화학적 영향의 결과다. 어떤 면에서 두 눈은 단지 보는 것 이상의 역할을 한다고 볼 수 있는데, 눈이 또 다른 측면의 뇌 기능에 영향을 미치기 때문이다.

이에 대한 근거는 2002년 벨기에 리에주시립대학교 생물학자 질 반드발Gilles Vandewalle이 발견했다. 반드발은 망막의 광수용체photoreceptors(망막신경절세포 전체의 3~5퍼센트를 차지하는 세포 기관 또는 화합물을 통칭하며, 그 수는 100만 개에 달한다)가 뇌에 어떠한 이미지도 만들지 않지만 비시각적 기능을 총괄하는 영역의 뇌와 연결되어 있다는 사실을 밝혀냈다. 뇌 중심의 깊숙한 영역에 숨어 있는 이 세포들은 핀의 머리만큼 아주 작으나 뉴런의 수가 1만 개 정도 되는 영역을 자극한다. '시교차상핵 suprachiasmatic nucleus'이라고 부르는 이 영역은 빛을 쬘 때 호르몬의 분비를 조절하는 역할을 한다.

시교차상핵의 능력은 굉장히 비상한데, 스물네 시간 리듬에 맞춰 신체의 모든 생리를 조절하는 생물학적 메트로놈이기 때문이다. 이 상핵을 생체시계circadian clock('circa'는 '대략'을 'dian'의 라틴어 어원인 'diem'은 '하루'를 가리킨다)라고 부르는 이유이기도 하다. 배가 고픈 순간부터 화장실에 가는 순간까지, 피곤을 느끼는 것부터 넘치는 에너지를 느끼는 순간까지 생애 반복적인 순간들은 생체시계의 영향을 받는다.

시교차상핵이 인간의 생리에 영향력을 행사하는 대부분은 멜라토닌melatonin이라는 호르몬과 연결되어 있다. 수면 호르몬으로 알려진 이 분자는 뇌에 저녁이 왔음을 알리면서 우리에게 경계를 늦춰도 된다고 신호를 보낸다. 반대로 햇살이 시교차상핵을 활성화시키면, 이 영역은 솔방울샘을 억제하여 멜라토닌 생성을 낮추고 각성 수위를 높인다.

생물학적 메트로놈이라고 할 수 있는 시교차상핵은 신체에 자기만의 리듬을 만들 수 있다. 이를 증명하기 위해 동굴이나 벙커에 들어가 자발적으로 고립하는 시간 밖의 생활 실험을 소

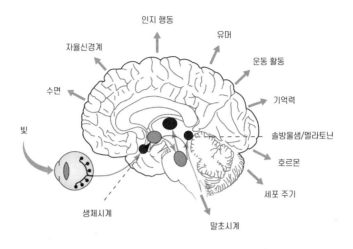

인지 행동

유머

자율신경계

운동 활동

수면

기억력

빛

솔방울샘/멜라토닌

호르몬

세포 주기

생체시계

말초시계

시교차상핵은 뇌와 신체에 신호를 보내면서 생체시계 역할을 담당한다. 상핵은 대략 스물네 시간 주기를 따르고 빛에 반응한다. 낮에는 솔방울샘의 멜라토닌 생성을 중단 시켜 뇌를 깨우고 인지 기능에 영향을 미친다.

개하려고 한다. 가장 유명한 것은 1962년 실시된 미셸 시프레 Michel Siffre의 실험으로 당시 23세였던 시프레는 시간을 전혀 가늠할 수 없는 상태로 두 달 동안 자발적으로 동굴에 갇혀 있었다. 시프레가 자발적 고립을 위해 선택한 장소는 프랑스와 이탈리아 국경에 가까운 스카라손Scarasson의 깊게 파인 구렁이었다. 그는 구렁 사이로 몇 시간 동안 내려가서 지하 110미터에 위치한 빈 공간에 자리 잡았는데, 그곳은 최저기온이 3도까지 내려가는 극한의 장소였다.

시프레는 해가 들지 않아 깜깜하고 습기로 축축하게 젖은 텐트 안에서 혹독한 실험을 감행했다. 현기증을 느끼기도 하고 낮인지 밤인지 분간하지 못하고, 환각을 경험하는가 하면 종종 기억을 잃기도 했다. 시간의 제약이 없어 잠들고 깨는 시간을 결정하는 것은 오직 그의 몸이었다. 시프레는 자신의 수면 사이클의 시작과 끝을 알리기 위해 매일 지상과 연락을 취했다. 그의 극단적 실험 덕분에 과학자들은 인간의 몸 안에 있는 시계가 대략 스물네 시간에 한 바퀴씩 돈다는 사실을 발견할 수 있었다.

그런데 왜 대략 스물네 시간일까? 실제 시프레의 수면과 각성이 교차하는 하루는 24시간 30분에 가까웠다. 두 달의 격리 동안 이 작은 차이가 축적되어 실제로 9월 14일 지상에 다시 올라온 시프레는 그날이 8월 20일이라고 확신하고 있었다. 이처럼 인간의 생체시계는 하루와 정확히 일치하진 않는다. 생체시계가 정확하고 제대로 기능하기 위해서는 정기적으로 햇살에 노출될 필요가 있다. 다시 말해 태양이 생체시계와 지상의 시간을 동기화하는 것이다. 햇빛이 줄어드는 초저녁이 되면 수면 욕구를 관장하는 멜라토닌이 분비되고, 햇빛이 세상에 드러나면 그 즉시 멜라토닌 분비가 줄어 생체시계의 시간을 조율한다.

새벽녘 푸른빛의 힘

30만 년 전 호모 사피엔스는 아프리카에서 출현했을 때부터

자연이 우리를 행복하게 만들 수 있다면

태양과 함께 잠들었다 깨어났다. 그리고 태양의 리듬은 그들의 뇌에 깊이 각인되었다. 그래서 오전 3~4시에는 되도록 일어나지 않는 것이 좋다. 인체가 느린 속도로 작동하기 때문이다. 깨어나려면 몸도 재생해야 하고 뇌도 활동 상태에 들어가야 하기 때문에 혈압이 낮아지고 체온도 떨어진다. 한밤중에는 신체 활동이 고되고 정신도 지쳐 있는 이유다. 가벼운 우울증 증세와 닮은 이러한 한밤중 상태는 멜라토닌으로 설명할 수 있다. 멜라토닌은 햇빛이 사그라짐과 함께 몸을 휴식 모드로 맞춰놓는데 우리가 그 시간에 일어나게 되면 이 호르몬이 우리의 감정을 침체시키고 슬픈 생각에 잠기게끔 만든다.

반면 새벽은 기적을 일으킨다. 날이 밝아올 무렵 떠오르는 햇빛이 멜라토닌 생성을 중단한다. 이 과정은 두 눈에 가득 차오르기 시작하는 햇빛을 지각하면서 시작된다. 햇빛을 인지한 눈은 생체시계에 야간 호르몬 분비를 멈추고 세로토닌, 아드레날린, 코르티솔 같은 다른 물질을 분비하라고 뇌에 지시한다. 이내 몇 분이 지나면 분비된 물질이 뇌에 축적되어 사기를 되찾고 일출과 함께 긍정적인 생각이 떠오른다.

따라서 태양 광선은 뇌 기능에 지대한 영향을 미친다고 볼 수 있다. 그런데 태양 광선의 다양한 색깔 중 인간의 정신에 가장 큰 영향을 미치는 색은 무엇일까? 바로 파란색이다. 익숙하지 않은가? 파란색의 효능은 앞서 3장에서 강조한 바 있다.

2002년 미국 브라운대학교 교수 데이비드 버슨David Berson
이 파란색의 효능을 널리 알렸다. 망막 조직에는 감광感光 색소
인 멜라놉신이 있는데 이 색소의 작용스펙트럼action spectrum이
460~500나노미터로 푸른빛의 파장과 정확히 일치한다는 사
실을 밝힌 것이다. 또한 연구원들은 파란색이 활성화하는 뇌
회로가 생체리듬을 조절하는 시교차상핵에 곧장 투영된다는
사실을 확인했다. 이 놀라운 결과 덕분에 아침 햇살의 효과를
더욱 깊이 이해할 수 있게 되었다. 멜라놉신을 활성화하는 파
란색은 하늘의 색깔과 같다. 그렇기 때문에 동쪽 하늘이 훤히
밝아올 때 인간은 자연스레 기상하게 된다.

더 좋은 소식은 푸른빛이 단지 인간을 잠에서 깨우는 데 그
치지 않는다는 점이다. 연구원들은 파란색이 뇌의 일부 기능을
자극한다는 사실도 증명했다. 앞서 질 반드발 교수는 뇌가 푸
른빛에 노출되면 집중력, 특정 행동과 기억의 억제(작업기억이
라고 부르며, 단기적 혹은 장기적으로 정보를 받아들이거나 저장하고
인출하는 데에 쓰인다) 등의 집행 통제executive control가 필요한 인
지 과제를 수행하는 역량이 증가한다는 사실을 증명했다.[2]

파란색이 주는 이 효과를 어떻게 설명할 수 있을까? 기저 원
리가 밝혀지지 않았지만 질 반드발은 오늘날 연구 중에 있는
하나의 가설을 제안했다. 파란색이 뉴런의 상호작용을 책임지
는 분자인 신경전달물질 중에서도 특히 경계와 집중력에 핵심

자연이 우리를 행복하게 만들 수 있다면

적인 노르아드레날린을 촉진한다는 가설이다.

이쯤에서 한 가지 결론을 내릴 수 있다. 일출이 인간의 각성과 인지를 촉진한다는 점과 가장 큰 영향을 미치는 태양 광선의 색은 파란색이라는 결론이다. 망막이 다칠 수 있으니 태양을 몇 초 이상 똑바로 쳐다보진 말자. 빛의 강도가 약한 동틀 무렵에 천체가 주는 혜택을 충분히 누릴 수 있다. 잠시간이라도 쐰 햇빛이 뇌에 미치는 강력한 힘을 경험할 수 있을 것이다.

자연광은 어떻게 우리를 치유하는가?

태양광 스펙트럼에 포함된 다른 색깔들은 어떨까? 파란색처럼 다른 색들도 인간에게 이로울까? 자연광에는 일반적으로 실내에서 사용하는 조명의 주파수대와는 다른 주파수대가 있다. 이러한 다양한 주파수대가 인간의 몸에 생리학적 기능을 일으키거나 촉진한다. 예를 들어 인간의 피부가 태양에 노출되면 체내 비타민D 비율이 높아진다. 인체 내 비타민D의 80~90퍼센트가 태양이 활성화한 피부의 광합성으로 생성될 정도다.[3] 비타민D는 DNA 재생, 항산화 활동, 세포증식 조절을 포함한 다양한 신진대사 과정에 영향을 미친다. 뿐만 아니라 인체 내 비타민D가 많을수록 유행성 감기[4]와 코로나19[5]와 같은 급성 바이러스성 호흡기질환에 걸릴 확률이 낮아진다는 사실이 밝혀졌다.

무엇보다 앞서 알아보았듯 햇빛은 뇌에게 깨어날 시각이라고 알려준다. 빛은 뇌가 정상적인 수면과 각성 사이클을 되찾게 하여 우리가 낮에는 좀 더 명민하게 깨어 있고 밤에는 푹 잘 수 있도록 돕는다. 이러한 빛의 긍정적인 역할 덕분에 의료계는 빛을 치료제로 활용하고 있다.

예를 들어 생체시계가 고장이 나면 인간은 부정적인 감정을 느끼는데 이는 1982년 미국 평론가 노먼 로즌솔Norman Rosenthal이 '계절성정동장애seasonal affective disorder'라고 명명한 장애로 발전한다. 특히 동절기에는 햇빛이 줄어들면서 다섯 명 중 한 명꼴로 무기력을 느끼고 활동 에너지도 약해진다. 다소 슬픈 생각이나 우울이 두드러지나, 날이 따뜻해지고 맑은 날이 지속되면 이 현상은 곧 사라진다. 자연광은 계절성정동장애 발병을 현저하게 낮춘다. 아침에 빛을 주기적으로 쬐고 잠들기 전에는 스마트폰 화면의 노출을 줄이고 빛이 완벽하게 차단된 상태에서 잠들기만 하면 된다. 이 규칙만 지키면 생체시계의 시간이 제대로 맞춰지기 때문에 계절성정동장애를 예방할 수 있다.

이 규칙을 지켰음에도 계절성정동장애가 발병한다면 의사의 처방을 받아 아침마다 30분에서 한 시간 정도 강렬한 인공 빛을 쬐는 요법을 고려해 볼 수 있다. 잘 모르고 있지만 이러한 광선 요법에서 빛은 질병을 퇴치하는 무기로 기능하며[6] 게다가 특정 나라에서는 의료보험 혜택도 받을 수 있다.

뇌진탕부터 파킨슨병까지

각성과 수면을 조율하는 파란색은 우울감 외에 다양한 질병을 치료하는 데에도 유용하다. 뇌진탕을 예로 들어보자. 뇌진탕은 자동차 사고, 추락, 하키나 럭비와 같은 과격한 운동 중에 발생하는 충격으로 인한 뇌의 외상성 상해다. 뇌진탕을 입은 사람은 뇌에 큰 충격을 받았기 때문에 몇 주에서 길게는 몇 달 동안 정상적인 생활이 불가능한 여러 증상을 겪는다. 가장 일반적인 증상은 두통, 집중력 저하, 피곤이다.

그런데 한 연구에서[7] 연구원들은 가벼운 뇌 상해를 입은 서른두 명을 실험 대상으로 삼아 6주간 매일 아침 30분씩 파란색 계열의 광원에 노출시키고 추이를 지켜보았다. 연구 결과 피험자들이 통제집단과 비교하여 더 빠르게 회복하고 수면의 질도 높아서 낮 동안에 덜 졸았다.

같은 원리로 파킨슨병을 앓는 환자들의 걱정도 덜어주었다. 보통 파킨슨병 환자의 90퍼센트는 수면 분절과 낮 동안의 심한 졸음으로 고통받는다. 이에 미국 보스턴 매사추세츠 종합병원의 한 연구팀은 빛이 파킨슨병의 새로운 치료의 척도가 될 수 있는지를 면밀히 검토했다. 연구팀은 서른한 명의 파킨슨병 환자를 하루 두 번 강력한 빛에 노출시켰다. 그 결과 빛 노출이 수면 단계의 분절을 제한하여 환자의 졸음을 줄이고 전반적인 건강 상태를 향상시킨다는 사실이 밝혀졌다.[8] 모든 전문가들이 이와 같은 현상에 대해 같은 의견을 내는 것은 아니지만, 파킨슨병이 심각하게 교란시킨 생체리듬이 빛으로 인해 동기화된 효과라고 볼 수 있을 것이다.

희망적인 실험 결과를 바탕으로 현재 광선 요법은 치매 혹은 인지장애와 같은 신경학적 질병을 위한 치료제로 평가받고 있다. 특히 영국 과학자들은 신경학적 질병의 증상을 보이는 요양원 거주자들에게 처방한 광선 요법이 긍정적인 효과를 보였다고 보고했다. 하지만 빛을 제대로 된 치료제로서 제안하기 위해서는 더 많은 근거가 필요하다.[9]

지금까지 실험을 통해 발견된 내용들은 인간의 일상에서 자연광 노출이 얼마나 중요한지를 증명해 준다. 때때로 야외로 나가는 것은 뇌에 영양분을 제공해 주는 것과 같다. 그러므로 도시에서 병원이나 양로원 같은 공공건물을 지을 때 반드시 빛의 효과를 고려해야 한다. 햇살은 인간의 복지와 정신 건강에 더할 나위 없이 소중하다.

자연이 우리를 행복하게 만들 수 있다면

6장

색깔의 아름다움에 취하다

"색깔은 우리의 뇌와 우주가 만나는 장소다."

누군가에게 선물할 보석이든, 새 자동차든, 거실에 둘 소파든 모델을 고르는 만큼 색상을 고르는 데 고심해본 적이 있는가? 보편적으로 색깔은 도처에 깃들어 있어 우리가 인식하지 못한 채 그냥 지나칠 때도 있지만 엄연히 인간의 삶을 구성하는 중요한 요소라고 할 수 있다. 색깔 문화사 전문가인 미셸 파스투로Michel Pastoureau도 이 부분을 완벽하게 이해했다.

"색깔이 코앞에 있는 나머지 우리는 그것을 제대로 볼 수 없다. 요컨대 색깔을 그다지 중요하게 생각하지 않는 것이다. 이것은 실수다. 색깔은 결코 하찮지 않으며 오히려 그 반대다. 색깔은 인간이 이유도 모른 채 복종하는 규범과 금기, 편견을 전파하고, 환경과 행동방식, 언어, 상상력에 지대한 영향을 미치는 다양한 의미를 내포한다."[1]

예를 들어 코앞에 있지만 정작 인지하지 못하는 색깔이 하나 있으니 바로 회색이다. 이 색깔은 도시 어디서든 찾아볼 수 있다. 본격적으로 도시계획이 시작된 1950년대에 시멘트로 건물을 짓고 아스팔트로 도로를 깔면서 회색은 도시를 뒤덮었다. 세계대전 이후 모든 것을 재건해야 하는 상황에서 다른 색깔로 도시를 건설하기엔 비용 부담이 상당했기 때문에 상대적으로 수익성이 좋은 회색을 쓸 수밖에 없었고 결과적으로 전 세계에 지루한 단색의 건물이 들어서게 되었다.

물론 그 이후 시행된 도시 재개발 프로젝트가 대도시의 공공장소에 다양한 색깔을 가미하기도 했다. 프랑스 남서쪽 제4의 도시인 툴루즈Toulouse는 이름 그대로 분홍색 도시라는 정체성을 만들어냈다. 하지만 대부분의 대도시는 여전히 회색조가 지배적이다. 회색은 아무것도 표현하지 않고 시선도 끌지 않으며 순종적이고 규격화된 대표적인 중간색이다. 회색조는 도시인의 무료함, 침울함과 연관이 있고 십중팔구 우울함과도 상관관계가 있을 것이라 여겨진다.

물론 다른 요인들이 개입할 가능성을 배제할 수 없으므로 아직까진 회색조의 건물과 20퍼센트에 달하는 도시인의 높은 우울증 비율 사이의 인과관계를 단정지어 말할 수 없다.[2] 그러나 독일에 위치한 프라이부르크대학교의 연구에 따르면[3] 우울증을 겪는 사람들은 서로 다른 색깔의 대비를 잘 구분하지 못하

자연이 우리를 행복하게 만들 수 있다면

고 다소 동일한 방식으로 세상을 바라본다고 한다. 어찌 보면 우울증과 회색 사이의 긴밀한 관계에서 단조로운 인생이 기인한다고 볼 수 있다. 그러므로 우울감에서 벗어나고 자연에 대한 호기심을 충족시키기 위해서라도 인간의 뇌는 다양한 색채를 접촉해야 한다.

동물의 놀라운 천변만화

자연의 색깔은 그야말로 다채로운 아름다움의 대명사다. 가장 훌륭한 예시는 무지갯빛의 벌새와 같은 동물의 세계에서 찾아볼 수 있다. 벌새의 목은 보는 각도에 따라 누군가에게는 금색으로 보이고 몇 발자국 옆에 있는 다른 누군가에게는 검은색으로 보인다. 마찬가지로 화려하기로 유명한 모르포나비는 살아남기 위해 이와 유사한 전략을 쓴다. 모르포나비가 날고 있는 동안 그것의 색깔은 강렬한 파란색에서 검은색으로 변덕스럽게 바뀌는데, 이 때문에 포식동물은 자기 앞에 그려지는 어지러운 점들의 방향을 가늠하다가 길을 잃고 만다.[4]

이처럼 동물의 색깔이 관찰자의 위치와 자세에 따라 형형색색 달라지는 것은 일정 부분 부차적인 빛을 회절하는 섬세한 나노구조 덕분이다. 색소나 염료에 의해 만들어지는 화학색과 구분하여 나노구조에 의해 생성된 물리적 색깔을 구조색이라고 부른다.

색깔의 풍부함과 다양성은 오랜 시간에 걸친 진화의 산물이다. 진화 이론의 위대한 선구자 찰스 다윈Charles Robert Darwin도 동물의 색깔에 큰 관심을 가졌다. 다윈은 특정 동물의 색깔이 어떻게 그토록 아름답고 예술적인지 자기를 비롯한 연구자들에게 질문을 던졌고 셀 수 없을 정도로 많은 연구자가 이 간단한 질문의 답을 찾으려고 노력했다.

오랜 실험 덕분에 동물은 다양한 이유에서 복잡한 색깔로 자신을 꾸민다는 사실이 밝혀졌다. 먼저 색깔로 위장함으로써 다른 동물의 눈에 띄지 않을 수 있다. 문어는 위장에 탁월한 재능을 보이는데, 표피를 덮고 있는 색소체가 열리고 닫히면서 몸통의 색깔이 순식간에 부분적으로 바뀐다. 특정 동물의 색소는 햇빛을 차단하는 역할을 하는 등 색깔을 이용하여 환경으로부터 자신을 보호하는가 하면, 개구리처럼 체온 조절을 위해 색깔을 어둡게 하거나 밝게 하는 동물도 있다.

또한 동물은 특정 종種에 속한다는 사실을 외부에 알리거나, 배우자를 유혹하기 위해 색깔을 활용하기도 한다. 화려한 색깔로 위험하다는 사실을 경고하거나 독성을 알려 포식동물에게 겁을 주는가 하면 다른 종이 띠는 경고의 색깔을 모방하여 자신을 지키는 동물도 있다. 동물의 세계로부터 이토록 변화무쌍하고 다채로운 색깔의 세계를 발견한다.[5]

인상주의파 식물

　동물의 세계와 마찬가지로 식물의 세상에서도 색깔의 향연이 펼쳐진다. 식물들이 지니는 색깔의 다양성은 엽록소, 카로틴, 플라보노이드, 안토시아닌 등 선별적으로 가시광선의 일부를 흡수하거나 반사하는 미세한 색소들이 응집한 결과다.

　햇빛의 분포는 새벽부터 일몰까지 계속 변화하기 때문에 식물들의 색상도 시간과 날씨, 그리고 계절에 따라 변화한다. 빛과 그림자, 낮과 밤의 교차와 함께 생기 넘치고 경이롭고 즉흥적인 식물들의 색깔은 인간이 지각하고 길들인 색깔과는 차원이 다르다. 인간이 볼 수 있는 영역이 자외선과 적외선까지 확장된다면 느끼게 될 놀라움은 상상하기도 어렵다.

　폴 세잔Paul Cézanne과 같은 인상주의 화가들은 식물들의 생체학적 풍부함을 제대로 알고 있었다. 폴 세잔이 그린 〈생트 빅투아르산〉 연작을 가까이에서 보면 거칠고 복잡하기까지 한 방식으로 병치한 강렬하고 빠른 붓 터치를 느낄 수 있다. 전체적으로 좀 흐릿해 보여 미완성 작품처럼 보이기도 한다. 하지만이는 생트 빅투아르산과 풍경에 일어나는 빛과 그림자, 채광의 변화를 그림이라는 수단으로 번역한 작품이라고 할 수 있다. 우리는 세잔이 그의 고향인 프랑스 남부 도시 엑상프로방스의 풍경 앞에서 겪은 내면의 역동적인 경험과 가장 가까운 상태를 보고 있는 것이다. 세잔은 풍경을 바라보는 자신에게 떠오른 영감의 순간을 다음과 같이 표현했다.

"풍경은 내 안에서 떠오른다. (…) 색깔은 우리의 뇌와 우주가 만나는 장소다."

이것이 화가로서 세잔이 가진 직관이었다. 우리가 눈으로 보고 인지하는 사물은 우리의 감각에 의해 결정되거나 강요된 것이 아닌 자연과 인간이 합동으로 만든 구조물이다.

뇌에 구축되는 색깔

흔히 감각 중에서도 시각을 담당하는 눈이 외부의 전경을 정확하게 반영한다고 착각한다. 눈이 빛의 픽셀을 모아 수동으로 뇌에 보내는 카메라와 같다고 여긴다. 하지만 실제로 색깔은 우리가 보는 그대로 존재하지 않으며, 감각을 구축하는 것은 인간의 눈과 뇌다. 우리가 바라보고 있는 사물이 지닌 색깔이 우리가 인지하는 색깔과 같다고 할 수 있는가? 이로써 지각의 주관성과 객관성의 경계는 미미해진다.

눈을 생리학적 관점으로 한번 들여다보자. 망막에서는 추상체(원뿔형 모양을 지니고 있어 원뿔형의 또 다른 이름인 원추형에서 따 추상체라고 불린다)라고 부르는 일종의 광수용체의 활동으로 인해 색깔이 만들어진다. '청추체(S)' '녹추체(M)' '적추체(L)'라고 부르는 세 가지 종류의 추상체가 각각 파란색 부류의 단파장(S는 'Short'의 첫 글자), 초록색 부류의 중파장(M은 'Medium'의 첫 글자), 빨간색과 노란색 부류의 장파장(L은 'Long'의 첫 글자)에 반응한다. 각막 안쪽에 밀집해 있는 300만~400만 개 추상체에 광파가 도달하면서 해당 영역의 추상체가 활성화된다. 활성화된 추상체는 시신경을 통해 뇌에 도달하는 전자충격을 생성한다.

일반적으로 인간은 낮에 삼원색을 식별할 수 있는 삼색형 색각이다. 인간이 식별하는 모든 색깔은 S, M, L의 추상체에서 보내는 신호가 조합된 결과다. 영국 물리학자 토머스 영Thomas Young은 19세기에 이미 이 사실을 간파했다. 그는 화가들이 팔

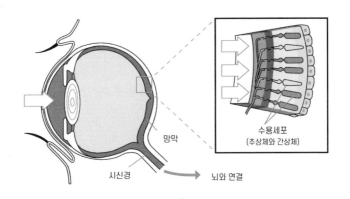

망막을 덮고 있는 추상체라는 특수 세포를 통해 색깔을 지각할 수 있다. 추상체는 빛의 파장의 범위에 따라 각기 달리 반응하는 세 가지 종류로 나뉜다.

레트에 삼원색이라고 하는 세 가지 색깔을 섞어 여러 색깔을 만들어낸다는 점에서 착안하여 인간의 망막조직에는 세 가지 종류의 색각세포와 각각의 색광을 감광하는 시신경 섬유가 존재한다고 가정했다. 이로써 뇌는 세 가지 색깔의 빛을 혼합하여 보라색부터 빨간색까지 가시광선의 색깔을 만들어낸다는 주장이다.

사물의 색깔을 지각하기까지 모든 과정은 뇌 안에서 일어난다. 뇌는 S, M, L의 추상체에서 보내는 신호를 동시에 분석하여 해석한다. 가끔 강렬한 빛이 조성하는 새로운 환경조건 때문에 뇌는 균형을 찾기 위한 적응 과정을 거쳐야 할 때가 있다.

전체 색상 범위에서 인간의 뇌는 수많은 색조 즉 여러 색상의 혼합을 볼 수 있다. 인간은 보통 100여 개의 색조를 어렵지 않게 구분할 수 있으며, 지각이 특히 뛰어난 사람은 1천여 개에 달하는 색조를 구분한다고 본다.

그러나 고려해야 할 변수가 하나 있다. 사물의 색깔이 빛에 따라 달라지기도 하지만 관찰하는 사람에 의해서도 달라진다는 점이다. 나에게 녹색으로 보이는 사물이 과연 타인에게도 똑같이 녹색으로 보일까? 파란색으로 보이지만 관습에 따라 이를 녹색이라고 지칭할 가능성도 있다. 인간의 시각이 가시광선의 모든 스펙트럼을 지각할 수 있다 하더라도 개인차가 있기 때문이다.

자연이 우리를 행복하게 만들 수 있다면

실제로 생물학자들은 동일한 문화권을 공유하는 나라 안에서도 개개인에 따라 추상체의 밀도가 다르다는 사실을 확인했다. 빨간색 대비 녹색 추상체의 밀도를 예로 들어보자. 이 밀도는 개인에 따라 0.1~16배까지 차이가 난다.[6] 또한 빨간색을 얼마나 민감하게 인식하느냐에 따라 구성원은 두 갈래로 나뉠 수 있는데 남성의 약 8퍼센트, 여성의 0.5퍼센트가 유전적, 병리학적, 외상성의 이유로 남들과 다른 시각을 가지고 있다.[7] 이러한 생물학적 차이는 특정 결함이 없을지라도 몇몇 사람들이 색채의 다양한 변화를 인지하는 데 어려움을 겪는 현상을 잘 설명해 준다.

예를 들어 프린터의 파란색 카트리지의 청록색과 터키석의 푸른색을 구분하지 못하는 사람들이 있다. 반대로 유전적 변이로 인해 특정 부분의 추상체의 수가 증가하여 누구보다 폭넓은 색조를 인지할 수 있는 사람들도 있다. 이러한 슈퍼 시력은 전체 인구의 2~12퍼센트에 해당하며 주로 여성에게서 나타난다. 나아가 조류나 파충류는 사색형 색각 시력을 가지고 있어, 삼색형 색각인 인간이 인지할 수 없는 미묘한 색깔의 뉘앙스를 지각할 수 있다.

지금까지의 설명이 어느 누구라도 색깔을 동일하게 인지할 수 없는 이유가 된다. 또한 색깔을 지각하는 능력은 문화권에 좌지우지되기도 한다. 색을 표현하는 어휘가 제한적이어서 완벽하게 구별할 수 있는 색깔을 한데 뒤섞는 민족도 있다. 뉴질랜드의 마오리족은 100여 가지의 빨간색을 구분하는가 하면 에스키모인은 일곱 가지의 하얀색을 구분할 수 있다.[8] 주어진 지리적 환경으로 인해 각 민족이 지배적인 색깔을 구분하는 성향을 띠게 된 것이 분명하다. 이처럼 색깔은 보는 사람의 눈에 따라 가지각색으로 존재하는 만큼 자연도 저마다의 주관적인 색깔로 다채롭다.

색채의 감각질

앞서 언급한 "우리가 같은 색깔에 대해 이야기하고 있다고 어떻게 확신할 수 있는가?"라는 질문이 제기되는 또 다른 측면이 있다. 색깔을 지각한다는 것은 현재 바라보고 있는 색깔을 이해한 개인의 경험이라고 할 때, 어떻게 이 주관적 해석과 객관적 실재 사이에 다리를 놓을 수 있을까? 철학자들은 이 까다로운 문제를 '설명적 간극의 문제explanatory gap'[9]라고 불렀다. 1986년 호주 철학자 프랭크 잭슨Frank Jackson은 〈메리가 몰랐던 것What Mary didn't know〉[10]이라는 제목의 논문에서 설명적 간극의 문제를 다뤘다.

잭슨은 가상의 인물 메리를 소개한다. 억지스럽다고 느껴지는 이야기이나, 뛰어난 과학자 메리는 알 수 없는 이유로 자신의 방 안에서만 세상을 연구할 수밖에 없는 처지에 놓여 있다. 메리의 방 안은 텔레비전을 포함한 모든 사물이 흑백이기 때문에 그는 다채로운 색깔을 접해볼 수 없었다. 그러던 중 메리는 시각의 신경생리학에 관심을 가져 책을 통해 색채과학에 대한 세상의 모든 지식을 섭렵할 수 있었다. 잭슨은 장치를 이용해 자신의 뇌 활동까지 측정할 수 있었던 메리가 인간이 색깔을 볼 때 뇌에서 일어나는 활동과 원리를 통달하기까지 했다고 가정했다. 잭슨이 보기엔 전 과정이 순조로웠다. 어느 날 메리가 방에서 나가 난생 처음으로 빨간색의 토마토를 목격하기 전까지는 말이다.

토마토 색깔의 시각적 경험의 근간이 되는 생리학에는 통달한 메리였지만 정작 그는 토마토의 색깔을 경험해본 적이 없었다. 색깔을 보는 것이 무엇인지는 알고 있었지만 색깔을 보는 효과는 전혀 몰랐다. 잭슨은 이 부분에 문제를 제기했다. '과연 메리는 색깔의 경험을 통해 새로운 사실을 배우고 있는가?'

많은 철학자들이 메리가 처음 보는 색깔을 마주할 때 과학적 지식이나 측정 가능한 물리적 특성으로는 알 수 없는 무언가를 배운다고 생각한다. 이러한 유형의 지식은 오직 주관으로만 깨달을 수 있다. 철학자들은 감각 경험에 결합된 사람 혹은 사물의 질적 측면을 가리켜 '감각질'이라고 부른다. 색채의 감각질은 한 개인이 주관적으로 색을 경험하는 독특한 방식이다.

아름다움은 우리 안에 있다

오직 주관을 통해 깨달을 수 있는 색채의 감각질은 과학계에 문제를 제기한다. 하지만 수많은 과학자가 인간이 색깔에서 아름다움을 느낄 때 뇌에서 무슨 일이 일어나는지 면밀히 밝히기 위해 노력해왔다. 대표적인 과학자가 유니버시티칼리지 런던의 교수이자 영장류의 시각 뇌visual brain 전문가로 유명한 세미르 제키Semir Zeki다. 제키는 fMRI로 피험자들이 예술작품이나 아름다운 풍경을 볼 때 뇌에서 어떤 활동이 일어나는지 기록했다. 그리고 그 기록을 바탕으로 인간이 아름다움을 느낄 때 뇌안에 자동적으로 연동되는 부위가 있다는 놀라운 결론을 내놓았다.[11]

아름다움과 연동되는 이 부분은 두 눈의 뒤에 위치한 안와전두피질orbitofrontal cortex이라는 부위에 속해 있으며 보상회로와 연결되어 있다. 이 영역이 활성화되면 인간을 기분 좋게 만드는 신경전달물질인 도파민이 급격히 증가한다. 그런데 신기한 사실은 인간이 사랑에 빠졌을 때에도 이 영역이 활성화된다는 점이다. 예술작품이나 경탄이 터져 나오는 자연의 미적 경험은 로맨틱한 사랑에 견줄 만한 기쁨을 불러일으킨다. 자연 애호가들은 이 같은 제키의 발견에 동의할 것이다.

그렇다면 자연을 하나의 예술작품이라고 할 수 있을까? 예술이나 자연이 내면의 가장 깊은 감정을 얼마나 자극하는지 증명하는 연구가 있다. 폴 세잔의 그림을 보든 화단의 꽃을 보든 인간이 느끼는 미적 호감의 생물학적 기반은 동일하다. 뇌의 한구석에서 공명하는 모든 형태의 아름다움에 대한 보상 시스템은 인간이 느끼는 미적 경험의 핵심적인 공통 사항이라고 할 수 있다. 이러한 관점에서 자연을 응시하는 것은 하나의 기쁨이다.

과학자들은 한발 더 나아갔다. 제키와 똑같은 질문을 던졌던 뉴욕대학교의 한 연구팀은 뜻밖의 사실을 발견했다.[12] 스캐너에 꼼짝없이 간힌 피험자들이 이미지를 통해 강렬한 미적 경험을 할 때 뇌의 디폴트 모드 네트워크가 깨어난다는 것이었다. 이 발견으로 인해 뇌신경학자들이 아연실색했던 이유는 디폴트 모드 네트워크를 본래 외부 자극이나 과업이 없을 때에만 불이 들어오는 연결망으로 알고 있었기 때문이다. 앞서 살펴본 것과 같이 디폴트 모드 네트워크는 인간이 자기 자신을 생각할 때 주로 활성화되는 영역이었다.

그렇다면 과학자들이 알고 있던 통설과 달리 외부 자극으로부터 디폴트 모드 네트워크가 활성화되는 장면을 목격했던 이유는 무엇일까? 그들은 논문에서 다음과 같이 설명했다.

"아름다움은 자아 인식에 개입하는 신경 기질에 접근한다. 아름다움 외에 다른 외부 자극이 이 신경 기질에 접근하는 것은 불가능하다."

그들에 따르면 자아 인식에 개입하는 신경 기질에 접근하는 일은 아름다움만이 이룰 수 있는 업적이다. 그들은 또한 "예술 작품은 그것이 지니는 아름다움으로 인해 자아와 연결된 신경 활동 과정과 상호작용하고, 그 과정에 영향을 미치거나 통합되기도 한다"라고 말했다.

즉 인간이 자연의 형형색색 앞에서 느끼는 아름다움은 자아 인식과 결합된 기쁨이라는 내적 감정이다. 뇌가 외부 세계와 내적 표상 사이의 조화를 감지하는 순간, 인간은 아름다움이 우리 안에 있으며 우리를 닮았다고 느낀다.

추상적이라고 느낄 수 있으나 하나의 실질적인 결론을 내릴 수 있다. 환경 위기가 심각한 오늘날, 우리는 과학적이고 현실적인 이유로 자연의 파괴와 생물다양성의 붕괴, 나아가 인류의 생존을 걱정한다. 하지만 미적인 측면에서도 환경 위기를 심각하게 바라볼 필요가 있다. 비단 물리적 재화만이 문제가 아니다. 인간의 생활환경이 추하거나 단조롭거나 칙칙해지면 그만큼 정신적 자산의 가치도 하락한다.

자연이 우리를 행복하게 만들 수 있다면

7장

식물처럼 뉴런을 재배하다

"시냅스 망의 성장은 여기저기에서 무럭대고 싹이 트는

예측 불가능한 식물과 닮았다."

인간은 오랫동안 식물을 수동적이고 감각이 없는 하등한 생명으로 인식했다. 움직이지도 말하지도 못하는 자연의 뇌사 상태라고 여기기도 했다. 하지만 최근의 발견은 이러한 개념을 완전히 뒤엎어 버렸다. 식물의 행동방식은 인간의 생각보다 훨씬 더 정교하고 복잡하다.

　예를 들어 아카시아처럼 휘발성 물질을 방사하여 가까이에 있는 동종 식물이나 동물과 화학적으로 소통하는 식물도 있다. 땅속에서는 균류의 균사가 나무들 사이를 잇는 복잡한 그물망을 짠다. 인터넷 망인 월드 와이드 웹에 빗대어 '우드 와이드 웹Wood Wide Web'이라고도 부르는 이 지하의 미세섬유는 나무의 기질에도 영향을 미친다. 이 때문에 나무들은 공생하는 데 애를 먹기도 하는데, 프랑스 식물학자 프랑시스 알레Francis Hallé

는 나무의 우듬지가 서로 닿지 않는 현상을 '꼭대기의 수줍음'이라 시적으로 표현하기도 했다.

요컨대 식물이 동물보다 덜 진화한 생물이라는 생각은 고루한 발상이다. 식물생태학자들 역시 궁금해하지만[1] '식물이 무슨 생각 따위를 할까?'는 생각은 말도 안 된다. 이 관점은 나무가 사회적 존재라고 증명하는 산림과학자들이 쓴 책에서 살펴볼 수 있다.[2] 그들에게 나무는 형제와 같고 나아가 함께 이야기를 나눌 수 있는 존재다.

나무 껴안기tree hugging가 대회까지 개최될 만큼 세계적으로 빠르게 퍼지고 있는 현상도 참으로 놀랍다. 그러나 나무 껴안기는 너무 멀리 나간 것 같다. 2장에서 살펴보았듯 단순한 숲속 산책이 주는 혜택과 달리 나무를 가볍게 포옹하는 행동이 주는 효율성과 관련한 연구는 아직 없기 때문이다.

하지만 식물이 고유한 방식으로 환경을 해석하는 능력을 갖춘 예민한 존재임을 부정할 수 없다. 빛을 감각하는 식물의 능력을 예로 들어보자.[3] 이 피조물은 눈도 없고 뇌도 없지만 표면 전체에 수많은 광수용체, 즉 빛을 흡수하는 색소가 있다. 요컨대 식물은 대상을 볼 때 단 하나의 관점만을 제공하는 전용 기관에 좌우되지는 않는다는 것이다. 식물에서 증식한 이 수용체들은 자외선, 파란색, 담홍색, 원적외선을 인지한다.

특히 식물의 크립토크롬cryptochrome이라는 광수용체는 푸

자연이 우리를 행복하게 만들 수 있다면

른빛에 민감하고 낮과 밤의 교차를 지각하는 데(앞서 5장에서 알아보았듯 인간에게서 이 역할은 망막의 멜라놉신이 담당한다) 개입한다. 매일 새벽의 푸른빛이 이파리에 닿으면 크립토크롬이 작용하여 식물은 기상한다. 푸른빛은 기공이 열리는 정도를 결정짓기도 한다. 또한 식물이 광원을 향할 수 있도록 움직임을 조절하기도 한다. 가을과 겨울에 더욱 강렬해지는 푸른빛은 식물의 중심 줄기와 뿌리의 성장을 담당하는 생장 호르몬인 옥신의 효과를 억제한다. 따라서 식물은 푸른빛의 노출 정도에 따라 형태가 바뀌고 더욱 견고해진다고 할 수 있다. 이렇듯 식물의 시력은 식물의 생장과 연관될 정도로 굉장히 섬세하다.

나아가 식물은 자기를 둘러싼 환경의 습도, 광수용체 크립토크롬이 인지하는 자기장, 전위의 기울기potential gradient, 화학적 기울기, 중력 등 적어도 스무 가지 정도의 물리적 요인과 화학적 요인을 지각할 수 있다고 알려져 있다. 눈도, 코도, 귀도 없는 식물이 보고, 느끼고, 외부 세계에 반응을 할 수 있다는 말이다. 지금으로부터 3억 7500만 년 전 지구에 최초로 번식했던 생물도 식물이었다는 사실을 기억해 두자.

식물성 뇌

확실히 식물은 약삭빠른 존재처럼 느껴진다. 하지만 지나친

의인관(인간 이외의 존재에 인간의 정신적 특색을 부여하여 견주어 해석하려는 경향—옮긴이)에 빠지지 않도록 조심하자. 인간의 진화와 식물의 진화는 이미 오래전에 분리되었다. 그리고 인간과 구별되는 또 하나는 식물이 인간과 달리 개체로 보기 어렵다는 지점이다. 개체를 가리키는 프랑스어 'individu'는 '분할 불가능한 것'을 뜻하는 라틴어 'individuum'에서 유래했다.

하지만 식물은 분열조직을 갖는다. 다시 싹틀 수 있는 미분화 조직을 포함한 반복되는 모듈 구조를 지니고 있다는 말이다. 모듈 구조를 통해 모체로부터 분열될 수 있다. 따라서 식물을 이루는 모든 부분은 중요하지만 어떤 것도 필수불가결하지는 않다.

리좀rhisome이라고 불리는 뿌리줄기는 무한히 반복되는 특성을 가진다. 뿌리줄기는 땅속으로 뻗은 수많은 잔가지로 뒤덮여 있다. 잔가지들은 서로 얽혀 빽빽한 망 형태로 확장된다. 싹은 처음에는 수평으로 있다가 차츰 수직으로 일어나서 일부는 바깥으로 빠져 나와 꽃을 틔운다. 꽃이 피었다 시들면 뿌리줄기는 내년 봄에 다시 바깥으로 내보낼 부분을 형성하기 위해 새 싹을 통해 다시 성장한다. 그리고 이 과정을 끊임없이 반복한다. 프랑스 철학자 질 들뢰즈Gilles Deleuze와 펠릭스 가타리Félix Guattari[4]가 지적했듯 뿌리줄기는 중심이 없으며 생장이 이곳저곳에서 비서열적이고 예측 불가능하게 일어난다.

지금까지 기나긴 식물의 이야기를 들으면서 식물의 특정 기관이 뇌와 무슨 연관성이 있는지 궁금했을 것이다. 인간의 뇌와 식물 간의 상당한 생물학적 차이에도 불구하고 몇 가지 명백한 사실에 근거하여 인간의 뇌를 식물성 기관으로 볼 수 있다. 프랑스 생물학자 제라르 니심 암잘라그Gérard Nissim Amzallag는 저서 《식물성 인간L'Homme végétal》[5]에서 뇌의 식물성을 제대로 설명해냈다.

　"뇌라는 형상을 머리에 떠올릴 때 가장 유사한 이미지는 컴퓨터와 같은 정교한 기계가 아니다. 오히려 상동한 잎을 포함하고 살아 있는 동안 성장을 멈추지 않는 식물이 더 적합하다."

　신경과학은 뇌와 식물의 유사성을 완벽하게 증명한다. 뉴런을 복잡한 조직망으로 얽혀 있는 자잘한 식물들로 여기면서 인간의 뇌를 하나의 거대한 식물로 본다.

　식물성 뇌를 최초로 관찰한 사람은 스페인 신경조직학자 산티아고 라몬 이 카할Santiago Ramón y Cajal이다. 카할은 1888년 질산 은을 이용한 특수한 염색법으로 뇌 조직을 관찰하여 전대미문의 뇌 삽화를 그렸고 개별적인 신경세포를 분리시키는 데 성공했다. 뛰어난 과학자를 넘어 진정한 예술가였던 카할은 자신이 현미경으로 관찰한 수많은 신경 지맥을 정교하게 그렸다. 카할은 뉴런이 해부학적으로 독립적이라는 사실을 증명했고 그 공로를 인정받아 1906년 노벨 생리의학상을 수상했다.

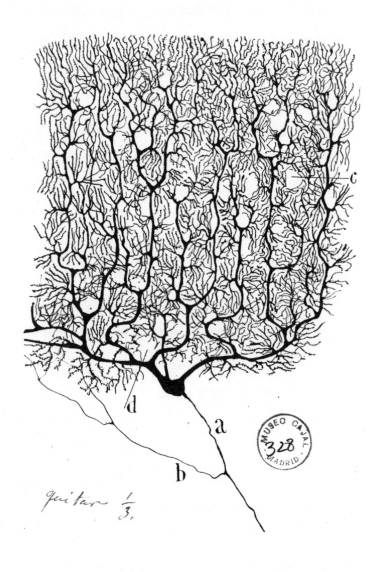

카할이 그린 소뇌의 푸르키네 뉴런. 마치 한 그루의 나무와 비슷한 형상을 가진다.

뉴런은 작은 뿌리들처럼 뻗어나간 10~50마이크로미터 크기의 세포체와 수상돌기 그리고 축삭軸索이라 하는 가늘고 긴 주된 가지로 구성되어 있다. 축삭은 신경충동을 다른 뉴런으로 전달하는 역할을 담당하며, 기다랗게 확장되는 특성이 있다. 세포체는 길게 형성된 축삭을 따라 전달되는 전기신호를 보낸다. 축삭의 끝에는 뉴런이 서로 접하는 영역인 시냅스가 있는데, 이는 한 뉴런의 축삭돌기 말단과 다른 뉴런의 수상돌기 사이의 연접 부위를 가리킨다.

시냅스는 뇌의 갖가지 기능을 매개하는 가장 기초적인 단위라고 할 수 있다. 각 뉴런에서 발생한 전기신호로 인해 신경전달물질이 분비되고, 이 신경전달물질은 다른 뉴런에 존재하는 수용체에 결합하여 화학적인 신호를 전달한다.

자라나기와 가지치기

시냅스는 정지되어 있는 상태가 아니다. 전달되는 전기신호에 따라 끊임없이 재정비된다. 즉 시냅스의 존속 혹은 제거는 주변으로부터 받는 신호에 반응하는 세포의 활성화에 달려 있다. 뉴런이 반응하면 시냅스는 더 강해지고 신경전달에 필요한 단백질 생성을 증가시킨다. 결과적으로 같은 뉴런에 반응하는 역량이 확대된다. 다수의 뉴런 군집이 여러 차례 동시에 활성화하면 거대 조직망이 생성되어 자리를 잡고, 결과적으로 신경충동이 이 조직망을 타고 더욱 효율적이고 원활하게 순환하게 된다. 이렇게 신경계통의 자라나는 능력 즉, 환경의 자극에 따라 자신의 구조와 기능을 변화시키는 능력을 가리켜 '시냅스 가소성synaptic plasticity'이라고 한다.

유아기는 시냅스의 움직임이 특히 활발한 시기다. 태아는 뇌에 1천억 개의 뉴런을 갖고 태어나며 이 뉴런을 평생 동안 유지한다. 그리고 각각의 뉴런에는 1만 5천 개의 시냅스가 연결된다. 생애 초기 중에서도 태어난 첫해에는 시냅스 사이에 수많은 연결이 예측 불가능하게, 불필요하게 다량 형성된다. 그러다 점차 동시에 활성화되는 뉴런의 연결만 유지되고 나머지 연접은 제거된다. 영어의 '사용하라 그렇지 않으면 잃는다'는 표현이 뉴런의 특성을 설명하는 데 적합하다. 동시 활성화되어 연결된 뉴런만 남게 되는 이 현상을 '시냅스 가지치기'라고 부른다.

시냅스 가지치기는 인간의 전 생애에 걸쳐 발생하지만 2세를 전후한 유아기와 사춘기에 한 번씩 강도 높게 일어난다. 시냅스 제거가 신경망의 효율을 높이고, 덩달아 뇌의 능률은 올라가기 때문에 이 시기의 성장은 결정적이라고 할 수 있다. 숫자는 줄어들지만 가지치기로 훌륭한 시냅스만 남게 되는 것이다.

시냅스 가지치기를 덤불 가지치기에 비유할 수 있겠다. 어

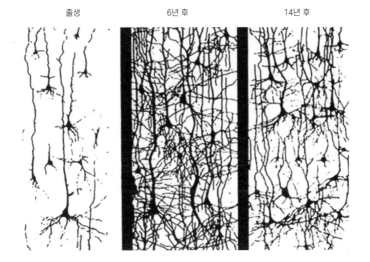

출생　　　　　　　　6년 후　　　　　　　　14년 후

생애 초기 시냅스 연결망의 형성. 시냅스 가지치기를 통해 동원되지 않은 시냅스가 제거되었다.

린이의 뇌는 가지가 사방팔방으로 자라는 소관목 덤불과 같다. 소관목 전체가 잘 자라려면 불필요하거나 능률이 떨어지는 가지를 잘라내어 다듬어야 한다. 가지치기를 해주면 새로운 가지가 형성되기 쉬운 환경이 된다. 인지능력의 향상은 뉴런의 수가 아닌 정보의 원활한 순환을 책임지는 안정적인 회로의 생성에 달려 있다.

　하지만 뇌의 여러 영역들은 동시에 성숙하지 않는다. 유아 초기에는 운동 및 감각 영역에서 시냅스 가지치기가 일어나고, 후기에는 추론하고 계획하는 역량과 연결된 전두엽과 같이 복잡한 정보 처리를 담당하는 영역에서 가지치기가 일어난다. 그리고 차차 걷기, 의사소통하기, 읽기, 자기인식, 타인과의 상호작용이 가능하도록 각각의 기능에 해당하는 특수 신경망이 자리를 잡는다. 여기에서 환경적 자극 요소인 교육이 시냅스 가지치기에 결정적인 역할을 한다. 교육이 없으면 인간의 시냅스 연결이 과도한 상태로 유지되고 역설적으로 뇌는 덜 복합적이고 덜 다채로운 상태가 되어버린다.

프랙털 구조

성장하는 뇌의 또 다른 측면을 살펴보자. 하나의 뉴런은 다른 수많은 뉴런들과 상호작용하는 동시에 수상돌기, 즉 세포체 둘레에 돋아 있는 수목형arborescence의 수를 늘려간다. 나무로 비유하자면 주된 가지와 하위 가지가 사방으로 뻗어나가는 것과 같다. 유아의 발달 과정에서 수목형 수상돌기는 성장할 뿐만 아니라 뇌 기능이 성숙함에 따라 분할을 되풀이한다.

하지만 뇌가 정상적으로 기능하는 데 복잡한 수목형이 필요한 이유는 무엇일까? 이에 대해 수학자들이 해답을 내놓았다. 수상돌기의 특징 중 하나가 자기유사성을 지니는 프랙털fractal 형태라는 것인데, 이 덕분에 수상돌기의 모티프가 점점 더 작은 모양으로 끊임없이 반복될 수 있다는 것이다. 실제로 현미

자연이 우리를 행복하게 만들 수 있다면

경을 통하여 수상돌기를 관찰하면 아무리 확대해 보아도 똑같은 모양의 수목이 거듭 발견된다.

프랙털 형태는 1975년 프랑스 수학자 브누아 망델브로Benoît Mandelbrot가 처음으로 명명했다. 그리고 이 프랙털은 눈의 결정 구조, 식물의 성장, 폐의 폐포, 뉴런 사이의 수상돌기 등 자연계 도처에서 발견되는 현상이다.

프랙털 기하학이 자연 곳곳에서 나타나는 이유는 무엇일까? 이에 대해 다양한 해석이 있지만 그중 하나는 수목형 프랙털 형태가 생명체 사이에서 최적의 인터페이스를 제공한다는 의견이다. 프랙털 형태를 갖는 뉴런의 경우 외부와의 접촉 면적

수학적 구조에서 유래한 프랙털 형태의 나무. 동일 유형의 모티프가 뻗어 있는 각각의 가지에서 반복되고 있다.

이 최대한으로 늘어나면서 다른 뉴런과의 교류가 극대화된다. 나무나 덤불이 수없이 가지를 친 형태와 비슷한 뉴런의 구조가 인간의 뇌 안에서 정보 순환을 유리하게 만든다. 비로소 식물과 뇌의 아름다운 우연의 일치가 더욱 명징하게 이해된다.

수목형, 그 힘과 아름다움 사이

인간이 장년기에 이르면 끊임없는 성장과 시냅스 가지치기의 결과로 뇌에 복잡하고 독특한 수목형 구조가 형성된다. 뇌의 단면은 과학자가 아니어도 쉽게 이해할 수 있을 정도로 나무의 모양이 두드러진다. 뇌의 복잡함과 풍부함은 구조의 다양성을 내포하고 있기 때문인데 세포의 형태, 뇌의 단면에 새겨진 각 영역의 기하학적 구조뿐만 아니라 풍부한 형상은 첫눈에 우리를 사로잡고 설레게 만든다.

피질, 소뇌, 선조체 등으로 이루어져 있는 뇌는 가까이에서 보든 멀리서 보든 섬세한 하나의 작품처럼 다가온다. 극도로 풍부하고 섬세한 뇌를 보고 있으면 아름다운 식물계가 자연스럽게 연상된다. 뇌와 식물계의 유사성으로 인해 해부학자들이 피질의 뇌 이랑에서 발견한 수목형에 '생명의 나무'라는 이름을 붙였을 정도다.

오래된 착각과 달리 우리 뇌 속의 수목형은 평생 동안 자란다. 성숙기에 도달하는 20세쯤에도 뇌는 퇴화하지 않는다. 뇌는 계속 진화한다. 유아기나 청소년기처럼 필요 없는 시냅스 가지치기와 회로 강화를 강하게 하지는 못하지만 뇌는 계속해서 중요한 역할을 도맡는다. 인생에서 맞닥뜨리는 상황에 따라 뉴런 사이에 새로운 연결망이 생겨나 자리를 잡기도 하고 어느새 기존에 연결되어 있던 망이 사라지기도 한다. 예를 들어 새로운 악기를 배우게 되면 청각과 운동 영역에 새로운 시냅스가 피어난다.

우리 안의 식물성을 받아들이자

인간의 뇌는 꽃이나 야채 대신 시냅스를 재배한다는 점에서 몸속의 정원과 같다. 1천억 개의 뉴런이라는 작은 식물이 엄청나게 복잡한 조직망을 만들어내는 정원이다. 이 복잡한 조직망을 구축하는 데 수년이 걸리기도 한다. 우리가 처음 읽는 법을 배울 때를 생각해 보자. 뉴런이 자신의 가지 형성을 안정화시키는 데 걸리는 시간이다. 그런데 이쯤에서 의문이 생긴다. 뉴런을 재배하는 정원사는 누구일까? 뉴런을 유지하고 보존하는 일은 어떻게 일어나는 것일까?

이 문제를 탐구한 연구가는 많지 않다. 뇌의 50퍼센트를 차지할 뿐만 아니라 뉴런과 공생하는 신경아교세포neuroglia와 같은 특정 세포는 오래된 축삭의 찌꺼기를 소화하면서 시냅스 가지치기에 적극적으로 관여한다는 사실이 연구를 통해 알려진 전부다.[6] 식물로 비유하자면 이 세포들은 잡초의 뿌리를 뽑거나 해로운 벌레를 잡아먹고 낙엽을 수거하는 일을 하는 것과 같다.

이러한 작업 일체를 관장하는 수석 정원사가 존재하는 것도 아니라는 사실 역시 밝혀졌다. 달리 말해 자연에서처럼 모든 작업은 조직 자체적으로 그리고 지엽적으로 일어난다. 프랑스 철학자 질 들뢰즈는 이 사실을 직감하고 인간의 뇌를 다음과 같이 설명했다.

"많은 사람들의 머리에는 나무 한 그루가 심겨 있다. 하지만 뇌 자체는 나무라기보다는 복잡한 식물이다."[7]

들뢰즈는 근본적으로 계층화된 구조의 나무와 사방으로 뻗어나가고 뿌리줄기처럼 계층이 없는 풀을 구분했다. 들뢰즈는 미국 신경생리학자 스티븐 로즈Steven Rose의 연구를 인용하여 자신의 논지를 설명했는데, 로즈는 시냅스를 만들기 위해 수상돌기가 축삭 주위로 감기는 방식을 가시덤불 주위로 감기는 나팔꽃에 비유하여 설명한 바 있다.[8] 시냅스 망의 성장은 여기저기에서 무턱대고 싹이 트는 예측 불가능한 식물과 닮았다.

하지만 엄밀히 말해 식물 구조와 뇌 구조 사이의 유사성에 무슨 중대한 의미가 있으며, 그 유사성이 뇌의 기능에 관하여

자연이 우리를 행복하게 만들 수 있다면

무엇을 가르쳐준다는 말인가? 다소 막연하게 느껴지는 식물과 인간 간에 공유되는 관계의 이면을 우리가 굳이 들여다보아야 하는 것인가? 이 질문은 현재 과학계에 수많은 격렬한 논쟁을 불러일으킨다. 그러나 식물 구조와 인간의 뇌 구조 사이의 건축학적 유사성은 성장에 관여하는 동일한 법칙성과 비슷한 정도의 조직 복잡성을 시사한다.

한발 더 나아가 논의의 폭을 좀 더 넓혀보자. 프랑시스 알레에 따르면[9] 뿌리내린 곳으로부터 도망칠 수 없는 식물의 정주성定住性은 식물을 특성화한다. 이를 뒤집어 생각하면 포식자를 맞닥뜨린 것과 같은 역경에 처했을 때 도망치는 대신 맞서는 방법을 배웠다는 의미가 된다. 역경에 맞서면서 식물은 저항력을 키울 수 있었다.

식물의 또 다른 능력 중 하나는 뿌리내리는 힘이다. 땅에서 잡초를 뽑으려고 시도해 보라. 아무리 싹을 잘라내도 땅속에 남아 있는 뿌리는 다시금 싹을 틔운다. 생태계에서 식물은 뿌리를 내리기 위하여 자연스럽게 인내와 고집을 배웠다.

식물의 특성으로부터 새로운 사실을 알 수 있지 않은가? 인간의 뿌리내림에도 자연스럽게 적용된다는 점이다. 프랑스 철학자 시몬 베유Simone Adolphine Weil는 인간의 뿌리내림을 "가장 중요하지만 가장 덜 알려진 인간 영혼의 욕구"라고 정의했다. 그리고 이렇게 덧붙였다.

"인간은 과거의 보물과 미래에 대한 예감을 생생하게 간직하는 공동체 속에서 실질적이고 적극적이고 자연스러운 참여를 바탕으로 뿌리내린다. 장소, 출생, 직업, 주변인을 통해 자연스럽게 참여의 현장으로 이끌려왔다는 것이다. 모든 인간은 다양한 뿌리를 필요로 한다."[10]

정착과 성장을 강화하기 위해 자기 뿌리에 의지하는 식물처럼 인간은 가까운 사람들, 견고하게 세워진 친근한 장소 그리고 본유적 가치를 되찾아 성장을 돕는 자연에 의지해야 한다.

직접 식물을 길러보면서 시간을 갖고 관찰하는 것이 직관을 기를 수 있는 간단한 방법 중 하나다. 하지만 인간의 오감 중 어떤 감각도 식물의 성장을 영화처럼 극적으로 보여주지 못하니 아쉽기는 하다. 식물은 인간의 감각이 직접적으로 미치는 영역 밖의 시공간에서 성장한다. 우리는 식물을 매일 관찰하고 어제의 상태를 기억해 두었다가 달라진 오늘을 머릿속으로 비교해 보아야 한다. 다정한 관심과 인내가 필요하지만 해볼 만한 가치가 있으니 믿어보길 바란다. 씨앗에서 뿌리가 자라고, 가지와 잎이 돋고, 싹이 트고, 꽃이 피기까지 일련의 식물 세계는 인간에게 자연의 힘을 맛보게 하니까.

자연이 우리를 행복하게 만들 수 있다면

8장

각자의 리듬으로 살다

"아직 과학적 원리를 밝혀내지 못했을 뿐,

아마도 인체는 달이라는 위성이 일으키는

느릿하고도 주기적인 중력의 변화를 느끼고 있을지 모른다."

프랑스 국민 가수이자 작곡가로 유명한 조르주 무스타키 Georges Moustaki는 "천천히 여유를 가지고 어떤 계획도, 습관도 없이 (…) 자유롭게 (…) 인생을 살아가 보자"라고 노래했다. 가만히 귀 기울이면 초록 잔디도 우리에게 똑같은 말을 건넨다. 자기 자신을 위한 시간을 찾고, 인생의 소용돌이를 잠재우고, 스스로의 존재를 느껴보라고 말한다. 그럴 때면 정원 한가운데를 거닐면서 각자의 리듬에 따라 자라나는 꽃이 내뿜는 차분함과 고요함에 푹 젖어본다. 이로써 영혼이 진정되고 일상을 다시금 영위할 수 있는 활력을 얻는다.

　우리는 평소 세상을 돌아가게 만드는 시계나 생명을 순환시키는 시간에 대해 크게 생각하지 않는다. 관심을 쏟고 염려하기에 시간은 자명하게 느껴지기 때문이다. 하지만 생각해 보면 인간은 세상이 돌아가는 시계의 적극적인 수혜자이자 관여자라고 할 수 있는데, 우리가 다른 생명체와 접촉하는 행위는 그 생명이 지니는 리듬과 규칙을 존중하고 깨닫는다는 의미이기도 하다. 바로 인간의 삶 면면에 영향을 미치고 리듬을 형성하는 자연의 순환 주기가 대표적이다.

완벽에 가까운 시계

생태계는 지구의 자전으로 생기는 낮과 밤의 리듬을 따른다. 인간의 생리학적 기능도 시간에 따른 리듬이 형성된다. 5장에서 살펴본 일주기日週期 리듬을 떠올려보자. 이 시계는 햇빛의 노출에 따라 스물네 시간에 가까운 주기로 조절된다고 했다. 지구상 모든 생명체가 따르는 햇빛의 주기는 정확하고 생명을 유지하는 데 필수적이다. 체온의 변화, 호르몬의 움직임과 주의력 같은 기타 요인도 햇빛이라는 요인에 동기화된다.

생체시계 실험을 강행하느라 동굴에서 두 달 넘게 홀로 고립되어 있던 미셸 시프레의 말을 전한다.

"어떠한 지표도 없는 지하에서 시간을 창조하는 것은 바로 우리의 뇌다."[1]

우리는 시교차상핵에 위치한 약 1만 개의 작은 뉴런 집합에 의해 생물학적 메트로놈이 뇌 안에 자리 잡는다는 사실을 알아보았다. 생체시계는 스위스에서 만들어지는 시계에 버금갈 정도로 비교적 정확한 자동화 기능을 갖추고 있음에도 정기적으로 햇빛에 맞춰 재동기화되어야 비로소 완벽해진다.

햇빛에 조율된 시계는 체내 기관 각각의 순환과정에 맞춰 하위의 시침, 분침, 초침 활동을 총괄한다. 예를 들어 소화계를 식사 시간에 대비시키는 음식시계가 있다. 실제로 동물의 세계에서 식사 시간을 예상하고 대비하는 능력은 생존에 필수적이며 특히 식량이 부족한 상황에서 빛을 발한다. 프랑스 스트라스부르대학교의 신경생물학자 에티엔 샬레Étienne Challet가 밝혔듯 뇌의 여러 영역으로부터 조직된 음식시계는 음식을 예측하는 행동을 유발하고 섭취한 후에는 다음 식사 시간을 재설정한다.[2] 뿐만 아니라 체온조절, 혈액순환, 신진대사, 하루 중 발모의 강도까지 일주기 시계가 개입한다.

주기에 따른 인체의 리듬은 우리가 나면서부터 가지고 있는 것이어서 실험을 위해 세포를 배양기에 떼어놓고 일정한 빛을 쏘아주기만 해도 유지될 정도다. 이 과학적인 현상의 기저에서 작동하는 원리는 무엇일까?

첫 번째 해답은 1971년 캘리포니아공과대학교의 시모어 벤저Seymour Benzer가 제시했다. 벤저는 초파리의 일주 리듬을 조절하는 유전자를 확인하기 위해 돌연변이 초파리를 만들어냈다. 돌연변이 초파리는 보통 초파리와는 달리 수면 시간이 불

규칙적이었다. 벤저는 일주 리듬을 잃어버린 돌연변이 초파리의 유전자 중 변형된 유전자를 추적하여 일주 리듬에 영향을 주는 '피리어드period'[3]의 존재를 찾아냈다.

피리어드는 스물네 시간마다 단백질을 생성하는 유전자로 생체리듬을 조절하는 중요한 역할을 담당하고 있었다. 벤저는 일주 리듬에 영향을 끼치는 유전자가 뉴런에만 단독적으로 나타나는 것이 아니라 사실상 체내 모든 세포에서 나타난다는 사실도 알아냈다.

이후 시간을 연상하는 '클락Clock', '비말Bmal', '타임리스Tim', '크립토크롬Cry' 등의 이름을 붙인 수많은 시계 유전자가 발견되었다. 이 유전자들은 모두 스물네 시간 주기로 기능했고 아침과 초저녁에 정점에 달했다.[4] 이처럼 시간은 인체의 세포 대부분의 핵심에 기재되어 있으며, 수많은 유전자의 활동이 스물네 시간 리듬에 맞춰 변화한다는 사실을 알 수 있다.[5] 벤저의 연구를 이어받아 피리어드의 작용 원리를 밝혀내고 유전자를 분리해낸 공로를 인정받은 세 명의 미국 의학자는 2017년 노벨 생리의학상을 수상했다.

일주기에 가장 강력한 변화를 불러일으키는 것이 인간의 생리와 직결되는 호르몬 분비와 관련되어 있다고 해도 과언이 아니다. 솔방울샘에서 생성되는 멜라토닌은 낮에는 혈액에서 거의 찾아볼 수가 없고, 빛이 줄어드는 저녁에 분비되기 시작해

자연이 우리를 행복하게 만들 수 있다면

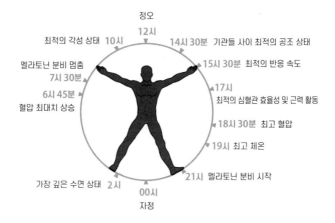

정오
12시
최적의 각성 상태 10시
14시 30분 기관들 사이 최적의 공조 상태
15시 30분 최적의 반응 속도
멜라토닌 분비 멈춤
7시 30분
17시
6시 45분
최적의 심혈관 효율성 및 근력 활동
혈압 최대치 상승
18시 30분 최고 혈압
19시 최고 체온
21시 멜라토닌 분비 시작
가장 깊은 수면 상태 2시
00시
자정

일주기 시계는 대략 스물네 시간에 가까우며 인간의 생리적 기능을 햇빛에 맞춰 조율
한다.

서 오전 2~4시 사이에 최대치에 달한다. 반대로 코르티솔은
아침 기상 직전에 생성되어 인체의 전반적인 활성화를 돕는다.
어떤 호르몬은 오직 잠을 잘 때, 특히 가장 깊이 잠들었을 때 분
비되기도 한다.

깊은 잠에 빠지는 시간은 어린이들의 뼈와 근육이 자라는 데
없어서는 안 되는 성장 호르몬 분비에 유리한 때다. 어린이의
성장을 돕는 호르몬은 성인이 된 후 기능이 사라지는 게 아니
라 단백질 합성을 촉진하고 지방 연소를 도우면서 신진대사에
중요한 역할을 담당한다.

수수께끼로 남은 달의 주기

약 30일이라는 긴 시간에 걸쳐 작동하는 주기도 있다. 달의 모양새가 달라짐에 따라 조정되는 리듬으로, 잘 알려진 달의 주기는 여성의 월경주기다. 아메리카 대륙의 인디언들은 여성의 월경주기를 가리켜 "달을 가지다"라고 표현하기도 했다.

달의 주기와 월경주기 사이에 연관이 있을 것이라는 추측 때문에 세계 곳곳에 달의 에너지와 관련된 수많은 미신, 전설 그리고 문화적 전통이 생겨났다. 한편 과학계에서도 오랫동안 달의 주기와 월경주기 사이의 상관관계를 밝히기 위한 연구가 진행되기도 했지만 별다른 성과는 없었다.

2021년이 되어서야 《사이언스 어드밴시스Science Advances》[6]에 게재된 한 연구 덕분에 달의 주기와 월경주기의 관계가 심오하거나 난해하지 않다는 점이 밝혀졌다. 연구를 진행한 사람은 독일 뷔르츠부르크대학교의 신경생리학 및 유전학 교수인 샤를로트 포스터Charlotte Föster다.

포스터는 연구팀과 함께 수첩에 생리 기간을 기록해온 스물두 명 여성의 월경주기 추이를 추적했다. 연구에 참여한 여성 중에는 32년 전부터 자신의 월경주기를 기록해온 여성도 있었다. 여러 해 동안 여성들의 월경주기 추이와 달의 모양을 비교한 결과, 평균적으로 35세 이하 여성 중 4분의 1이 조금 안 되는 인원의 월경주기가 보름달이나 초승달이 떠오르는 삭망월의 주기와 일치한다는 사실을 보여주었다. 35세 이상 여성의 경우에는 열 명 중 한 명에게서 나타났다.

그렇지만 달의 주기와 여성의 월경주기의 동기화가 갖는 원인은 전혀 알려지지 않은 상태다. 연구원들은 신중한 모습을 보이면서도 중력이 중요한 역할을 할 것이라는 가설을 제시했다. 실제로 달의 위치 변화는 지구에서 조수간만의 차로 형상화되어 나타나듯 지구상 모든 인간에게 작동하는 중력에 큰 영향을 미친다. 아직 과학적 원리를 밝혀내지 못했을 뿐, 아마도 인체는 달이라는 위성이 일으키는 느릿하고도 주기적인 중력의 변화를 느끼고 있을지 모른다.

계절의 민감성에 따른 발병

계절은 달의 주기보다도 훨씬 더 긴 시간에 걸쳐 지구상 모든 종에게 강력한 영향력을 행사한다. 계절의 리듬은 수많은 환경 요인 중에서도 기온, 일조량, 강우량을 만들어낸다. 동물은 계절을 수동적으로 받아들이는 대신 자기에게 유리하도록 이용한다. 계절에 따라 서식지를 이주하는 동물이 있는가 하면 동면하거나 계절에 따라 번식을 조절하는 동물도 있다.

인간은 다른 동물에 비해 계절에 비교적 덜 민감하다. 더군

다나 현대의 안락한 생활 방식 덕분에 우리는 계절에 상관없이 편안함을 느낄 수 있다. 특히 산업화된 나라에 사는 사람들일수록 계절에 덜 민감하다. 하지만 인간 역시 지속적으로 반복되는 계절의 주기에 영향을 받고 난 뒤 독특한 특성을 갖추게 되었다.

질병과 싸우는 인간의 능력이 이 특성에 해당한다. 계절에 따라 각 질병의 발병률이 달라지고, 그중에서도 겨울에 절정에 달한다는 사실이 연구를 통해 밝혀졌다. 12월에서 4월 사이에 유행성 감기와 같은 바이러스성 질병이 가장 많이 발병하기도 했지만 심근경색, 뇌졸중, 제1형 당뇨병과 류머티즘성 관절염 같은 자가면역질환도 마찬가지였다.

계절에 따른 질병의 민감성은 인간의 면역 시스템이 계절에 따라 동요함을 암시한다. 이는 실제로 서로 다른 지리적 환경에 위치한 여섯 개 나라의 1만 6천 명을 대상으로 한 대규모 연구에서 확인되었다.[7] 연구원들은 1년 동안 서로 다른 시기에 피험자들의 혈액을 채취하여 2만 2,822개 유전자 발현을 분석했다. 분석을 거친 전체 유전자 중 25퍼센트를 차지하는 5,136개가 계절성을 보였으며, 이 중에는 면역반응과 염증반응에 개입하는 유전자도 있었다. 계절성 유전자는 당연히 남반구과 북반구에서 정반대의 시간을 보였다. 이 발견은 인간의 면역 시스템이 왜 겨울에 몇몇 질병과 더욱 활발하게 맞서 싸우는지를

　　　　　　　　자연이 우리를 행복하게 만들 수 있다면

설명해 주었다.

앞서 5장에서 햇빛의 밝기가 인간의 기분과 행동에 영향을 미친다는 사실을 확인했다. 일부는 조도에 민감하여 빛이 감소하는 계절이면 우울증에 노출되는 것이기도 했다. 이러한 계절성정동장애는 첫 글자를 따 SAD장애라고도 불리며 일반적으로 일조시간이 줄어드는 가을부터 겨울 사이에 주로 발생한다.

더욱 놀라운 건 인지 기능 역시 계절의 리듬에 따라 달라진다는 점이다. 리에주시립대학교의 연구진은 1년 동안 여러 차례에 걸쳐 청년들의 인지 기능을 연구한 논문[8]을 발표했다. 연구진은 집중력과 작업기억처럼 정보를 단기적으로 기억하는 과정이 필요한 인지 기능을 주로 분석했는데, 그 결과 집중력은 6월 중순쯤 하지에 최고치에 달하고 12월 중순쯤인 동지에 최저치로 떨어진다는 사실이 밝혀졌다. 반면 기억력은 9월 중순쯤인 추분에 정점에 이르고 3월 중순쯤인 추분에 가까워지면서 최소치로 떨어졌다. 우리도 모르는 사이 1년 단위의 모래시계가 인지능력에도 영향을 미치는 것이다.

10년마다 새로 태어난다

세포의 재생주기는 인체에 또 하나의 질서를 새긴다. 잎이 떨어지고 새순이 자라는 나무처럼 인간의 세포는 태어나서 죽을 때까지 정기적으로 새로이 생성되고 죽음을 맞이하며 대체된다. 플루타르코스Plutarch에 따르면 고대 아테네인들은 테세우스의 배를 간직하기 위해 파손된 널빤지를 떼어내고 새 목재를 견고하게 결합시키면서 유지 및 보수했다. 이에 빗대어 인체도 테세우스의 배처럼 끊임없이 보수된다고 할 수 있는데, 대체로 인간은 10년에 한 번씩 새로운 몸이 된다.

세포와 관련한 놀라운 숫자를 한번 살펴보자. 인체는 피부세포, 근육세포, 심장세포, 신경세포 등 약 200개 세포 유형으로 분류되는 30조 개의 세포로 이루어져 있다. 이 중 매일 20억 개의 세포가 죽고 각 기관에 따라 다르지만 비교적 빠른 속도로 교체된다. 예를 들어 장세포는 2~3일 간격으로 재생된다. 장세포보다 좀 더 단단한 피부세포의 수명은 3~4주다. 적혈구는 120일 정도 살고, 간이나 폐의 세포는 400~500일 동안 산다. 그러므로 현재 50세인 사람은 이미 40여 차례 간을 바꾸었다고 할 수 있다.

반면 해마와 같은 뇌의 영역에서는 지엽적으로 평생 동안 뉴런을 생성하나, 뉴런은 다른 세포들처럼 스스로 재생하진 않으며 거의 재생되지도 않는다. 일반적으로 우리는 매일 어림잡아 9천 개의 뉴런을 잃는다. 숫자를 듣고 걱정할 수도 있겠지만 안심하기 바란다. 9천 개는 전체 1천억 개의 뉴런에 비하면 미미한 숫자다. 전반적으로 뉴런은 오랫동안 산다고 볼 수 있는데,

자연이 우리를 행복하게 만들 수 있다면

현재 여러분과 동일한 나이이고 함께 늙어간다. 한 가지 분명한 건 총체적으로 볼 때 인체는 실제 나이보다 젊다. 놀랍지 않은가?

내 안의 시계를 조율하다

과학계는 겨우 15년 전부터 생물학적 리듬이 인간의 건강에 미치는 중요한 요인 중 하나라고 인식하기 시작했다. 특히 낮과 밤의 교차에 맞춰진 일주기 리듬을 인식하면서 새로운 연구 분야가 급성장했다. 바로 시간생리학이다. 그렇다면 시간생리학은 인간에게 어떤 조언을 해줄까?

시간생리학은 우리 안에 내재한 시계의 자연스러운 리듬을 따르라고 말한다. 예를 들어 천천히 규칙적으로 숨을 쉬고, 피곤을 느낄 때 정해진 시간에 잠자리에 들고, 현재 몸에 에너지가 얼마나 남아 있는지 알아차리는 방법을 배워 일상에 적용하는 것이다.

생체시계와 합치되기 위해서는 몸의 속도를 점진적으로 떨어뜨려야 한다. 저녁에는 운동을 삼가고 각성 상태와 체온을 높이는 스마트폰이나 컴퓨터 화면, 커피, 담배와 같은 기타 흥분제도 피해야 한다. 반대로 멜라토닌 분비 상승으로 나타나는 하품, 무거운 눈꺼풀 등의 졸음 신호를 기민하게 알아차려야 한다. 그때의 신호를 무시하면 안 된다. 곧장 침대로 가서 방 안을 어둡게 만든 상태로 잠에 들어야 한다.

일주기 리듬이 동요하면 만성질환이 발병하거나 악화되는 데 직결된다. 그중에서도 수면과 각성 주기에 이상이 생기면 정신질환에 걸릴 위험이 높아진다. 이는 25년에 걸쳐 8천 명을 대상으로 한 연구로부터 밝혀진 사실이다.[9] 연구원들은 수면 시간과 치매 사이의 상관관계를 분석했는데 치매 중에서도 잘 알려진 알츠하이머병에 관심을 가졌다. 연구에 따르면 50~70세 연령층에서 7시간 이상 정상적으로 잠자는 사람들과 비교했을 때 하루에 수면 시간이 6시간 이하였던 사람들이 치매에 걸릴 위험은 24~40퍼센트까지 높아졌다.

더욱 흥미로운 점은 치매에 걸리면 환자의 수면과 각성이 교차하는 일주기 리듬이 지속적으로 크게 변질된다는 것이다. 치매 환자는 밤에 과도한 활동이나 배회 증상을 보였고 낮에는 졸음이나 둔화된 활동 증세를 보였다.

물론 수면 시간과 치매, 혹은 치매 발병의 위험성 사이에 직접적인 인과관계를 정립하긴 어렵고 콜레스테롤 수치, 혈압, 심혈관질환 등의 수많은 기타 요인이 개입했을 가능성도 있다. 그러나 생리학적 리듬이 뇌 건강에 중요한 영향을 끼친다는 점은 분명했다.

만약 일주기 리듬이 망가졌다면 어떻게 복구할 수 있을까?

자연이 우리를 행복하게 만들 수 있다면

앞서 알아본 생체시계가 고장 났을 때 조율하는 다양한 방법 중 하나인 자연광은 인체가 온전한 일주기 리듬을 되찾도록 도와준다. 특수하게 고안된 전등을 이용한 광선 요법은 하루에 한 시간도 외출할 수 없는 노인들의 수면을 개선해줄 수 있다. 마찬가지로 밤에는 어둡고 조용한 환경을 유지하는 것이 좋다. 빛과 어둠의 노출을 기반으로 우리에게 자연스러운 시간을 활용한 시간생리학적 접근은 약리적 치료와 달리 어떠한 부작용도 없다.

시간 요법

일주기 리듬에 따른 행동은 약을 복용할 때도 유용하다고 알려져 있다. 치료의 효과는 복용 시간에 따라 달라지고 환자의 생리학적 리듬에 좌우된다. 예를 들어 코르티코이드는 오전 7~9시 사이에 최대치로 분비되는 코르티솔 때문에 아침에 복용했을 때 더욱 효과적이고 부작용이 덜하다. 마찬가지로 항우울제의 일종인 클로미프라민은 정오에 복용했을 때 몸에 잘 듣는데, 세로토닌 분비가 정오에 최대치에 달하기 때문이다.

또한 다수 연구를 통해 항암 치료를 위한 약을 복용할 때에도 시간이 중요한 역할을 한다는 사실을 알 수 있었다.[10] 프랑스 국립보건의학연구소INSERM의 시간생리학 및 암 부서의 감독을 맡고 있는 프랑시스 레비Francis Lévy는 소화계 암에 널리 쓰이는 화학 요법이 오후 4시보다는 오전 4시에 관류될 때 독성이 다섯 배 가까이 줄어든다는 사실을 발견했다. 이것이 시간생리학의 원리다. 이러한 발견에 힘입어 치료의 효율을 높이거나 독성을 낮출 수 있는 방법을 찾기 위해 생리학적 리듬을 기반으로 수많은 연구가 진행 중이다.[11]

그렇다면 앞으로 남은 연구의 화두는 무엇일까? 약물 복용량을 각각의 개인에게 맞추는 것이다. 개인마다 생리학적 리듬이 조금씩 다르기 때문이다. 시간생리학 덕분에 투약에 관하여서는 세포부터 인체 구석구석까지 영향을 미치는 자연적 리듬의 덕택을 톡톡히 볼 수 있게 되었다.

자연이 우리를 행복하게 만들 수 있다면

9장

동물과 눈이 마주치다

"동물의 타자성은

인간이 이해할 수 있는 영역 밖에 있다."

살면서 한 번이라도 야생동물과 눈을 마주친 적 있다면 당신은 그 순간을 결코 잊을 수 없을 것이다. 혼자 숲을 걷고 있다고 상상해 보자. 그런데 예기치 못한 기운이 느껴져 돌아보니 사슴 한 마리가 덤불 사이로 나를 쳐다보고 있다. 갑작스럽게 눈을 마주친 존재에 놀란 나머지 사슴은 이내 달아나 버렸다. 순간 평소에는 감각하지 못했던 다른 생명체와의 깊은 눈 맞춤으로부터 흥분과 두려움이 느껴진다.

　네덜란드 영장류학자이자 침팬지 전문가인 프란스 드 발 Frans de Waal은 원숭이와의 첫 만남을 이렇게 기억했다.[1]

　"눈이 마주쳤을 때 우리의 삶이 통째로 바뀌었고, 바로 그 순간 우리는 즉각적으로 동류성을 느낀 이 피조물에 대해 더 많은 것이 알고 싶었다."

인간, 특별하고도 예외적인 존재

나도 눈앞에서 원숭이를 마주친 적이 여러 번 있었다. 그럴 때마다 프란스 드 발의 고백처럼 영장류의 시선을 무시하기는 어려웠다. 영장류와 시선을 교환했던 경험은 프란스 드 발에게 과학자로서의 삶뿐만 아니라 개인의 삶에도 결정적인 순간이었을 것이다.

인간은 특별하고도 예외적인 존재다. 17세기경 동물과 인간을 구별하는 기준이 '인간의 내면'이라는 발상이 널리 퍼졌다. 그러나 생물학적인 관점에서 볼 때 인간은 다른 동물에 비해 특출한 점이 없다. 반면 정신과 주관 같은 정서적 특성에 주목해 보았을 때, 인간과 인간이 아닌 부류 사이에는 뚜렷한 차이가 있다.

르네 데카르트René Descartes는 동물을 인식과 생각이 결여된 부품과 톱니바퀴의 결합체인 꼭두각시라고 확신했다. 1770년 프랑스 박물학자 조르주 뷔퐁Georges-Louis Leclerc Buffon은 동물성에 대한 입장을 다음과 같이 요약했다.

"원숭이는 겉으로는 완벽한 인간의 가면을 썼지만 내면은 생각을 비롯하여 인간을 이루는 모든 요소가 결여된 동물에 지나지 않는다."

자연이 우리를 행복하게 만들 수 있다면

그토록 멀고도 가까운

동물과 눈을 한번 마주친다면 뷔퐁의 실수를 금방 알아차릴 수 있다. 동물의 눈동자를 바라보면 호모 사피엔스만이 말로 표현할 수 없는 신비함과 주관성, 영혼을 독점하는 존재가 아니라는 사실을 깨닫게 된다.

반려동물을 생각해 보자. 밤낮으로 여러분 곁을 지키는 이 작은 피조물에 대해 얼마나 알고 있는가? 경계심이 많다거나 온순하지만 가끔은 저돌적이라거나 공격적인 특징을 보인다고 설명할 수 있고 어떤 음식을 좋아하는지도 안다. 반려동물만의 독특한 외모와 해부학적 특성, 성격까지 자세히 묘사할 수 있을 만큼 십중팔구 대부분에 대해 잘 알고 있다.

하지만 관찰력이 아무리 뛰어나다 할지라도 여전히 이 절친한 친구에 대해 모르는 부분이 있으니 바로 동물의 내면이다. 앞서 6장에서 색채의 감각질을 이야기하면서 개인이 인지한 색깔은 주관적인 감각 경험에 의한 결과물이라고 말한 바 있다. 즉 타인과 내가 완전히 똑같은 색깔을 인지하고 동일한 방식으로 표현하기란 사실상 어렵다는 뜻이다. 동물의 영역에서도 마찬가지다. 우리가 특정 동물의 입장이 된다고 상상해 보면 똑같은 난관에 봉착한다. 동물의 타자성은 인간이 이해할 수 있는 영역 밖에 있다.

미국 철학자 토머스 네이글Thomas Nagel은 1974년《필로소피컬 리뷰The Philosophical Review》에 발표한 〈박쥐가 된다는 것은 무엇인가?What is it like to be a bat?〉라는 논문에서 인간이 객관적으로 동물의 세계에 접근하는 것이 불가능하다고 단언했다. 반사되는 음파를 통하여 상대와 자신의 위치를 확인하는 박쥐의 반향정위가 인간에게는 불가능한 것처럼, 박쥐가 위치를 정하여 이동하는 능력이 어떤 효과를 내는지 인간은 이해할 수 없다는 게 네이글의 생각이었다.

네이글의 주장처럼 동물에게는 필시 인간의 세계만큼 의미가 풍부한 '각자의 세계'² 가 있고 그들은 그 세계의 질서에 따라 행동한다. 인간의 세계와 동물의 세계는 근본적으로 다르고 각자의 논리를 따른다.

그러나 동물 역시 인간처럼 감정을 느낀다거나 의지에 따라 행동한다는 사실은 의심할 여지가 없다. 영국 영장류학자 제인 구달Dame Jane Morris Goodall이 멋지게 소개한 침팬지를 예로 들어보자. 침팬지는 직접 도구를 만들고 이를 활용하여 식량을 구한다. 또 동종에 감정을 느끼고 기회가 된다면 그 감정을 공공연하게 드러낸다. 동종이 죽으면 애도하고 슬퍼하기까지 한다. 이 놀라운 존재에 대해 알면 알수록 인간과 가깝다는 사실을 깨닫는다.

같은 맥락에서 인간의 뇌는 원숭이의 뇌, 넓게는 포유류의 뇌와 구별될 만한 어떠한 근본적 차이가 없다는 사실을 떠올려 볼 필요가 있다. 인간과 포유류의 뇌는 신경계통의 구조도 같고, 세포 유형도, 작동 원리도 동일하다.

또한 지구상의 모든 생명의 척도를 놓고 보았을 때 인간 정신의 역사는 비교적 짧다는 사실도 잊지 말자. 인류는 겨우 30만 년 전에 지구에 나타났다. 진화론적 관점에서 보았을 때 인간의 정신과 영혼을 포유류 중에서도 특히 영장류와 극단적으로 차별화된다고 주장하는 것은 다소 민감한 사안이 될 수 있다.

인간은 왜 공감하는가

인간은 거울뉴런Mirror neuron이라는 특별한 유형의 뉴런을 모든 영장류와 공유하고 있다. 거울뉴런은 신경생리학자이자 이탈리아 파르마대학교의 교수인 자코모 리촐라티Giacomo Rizzolatti가 1990년대에 원숭이 뇌에서 처음 발견했다. 개인적으로 자코모 리촐라티의 이 발견이 신경과학이 최근 수년 사이에 이룬 가장 중요한 쾌거라고 생각한다.

파르마대학교 신경과학 연구팀은 마카크macaque(영장목 긴꼬리원숭이아과 마카크속에 속하는 동물의 통칭으로 북부 아프리카부터 일본까지 광범위하게 분포하는 영장류—옮긴이) 뇌에 전극을 설치하여 그들이 물체를 잡을 때 뇌에서는 어떤 현상이 발생하는지 실험했다. 연구원들은 그들이 음식을 집어 올릴 때 뇌에서 활성화되는 신경세포를 발견했는데, 이때 놀라운 일이 벌어졌다.

마카크의 뇌의 신경세포 일부가 사람이 음식을 집어 올리는 행동을 관찰하기만 해도 반응하는 것이 아닌가. 마치 거울처럼 다른 개체의 특정 움직임에 반응하는 특별한 세포였다. 거울뉴런이라는 이름이 붙은 것도 여기에서 비롯했다.[3] 또한 거울뉴런은 해부학적으로 인간을 포함한 영장류 뇌의 비슷한 위치에 존재한다는 사실도 밝혀졌다.

여기서 한 가지 의문이 든다. 거울뉴런은 행동의 주체가 같은 종이 아닐지라도 작동할까? 자코모 리촐라티와 그의 연구팀은 거울뉴런의 존재를 발견했을 때 이미 이 궁금증에 대한 해답을 확인했다.[4] 당시 연구원들은 마카크와 함께 있는 실험실에서 피자를 먹고 있었고 마카크는 구석에서 그런 연구원들을 관찰하고 있었다. 그런데 연구원들이 피자 한 조각을 집으려고 팔을 뻗을 때마다 마카크의 뉴런이 활성화되는 게 아닌가. 마치 마카크가 머릿속으로 피자 한 조각을 먹은 것과 같은 결과였다.

연구원들은 마카크와 인간의 역할이 뒤바뀌었을 때는 어떤 결과가 나타나는지 알아보기 위해 다음과 같은 흥미로운 실험을 진행했다.[5] 피험자들은 서로 다른 세 가지 종인 인간, 개, 원숭이가 음식을 먹거나 말을 하는 모습을 관찰하라는 지시를 받

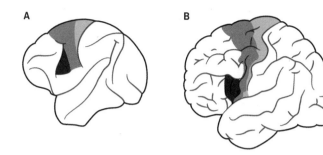

마카크(A)와 사람 뇌(B)의 좌측 반구 측면. 각각의 뇌에서 밝은 회색은 운동피질, 회색은 전운동피질. 짙은 회색은 거울신경시스템을 가리킨다.

았다. 연구원들은 fMRI를 통해 스캔한 피험자의 뇌에서 동물이 먹이를 먹는 것을 볼 때 동일한 피질 영역이 동원된다는 사실을 확인했다.

반면 소통 행위를 관찰할 때는 종에 따라 활성화 정도에 차이가 있었다. 관찰자의 거울뉴런은 단어를 발음하는 인간을 관찰할 때 강력하게 동원되었지만 입술을 부딪쳐 소리를 내는 원숭이를 볼 때는 정도가 약해졌고 개가 짖을 때는 아예 자극받지 않았다.

개가 짖는 것을 볼 때 인간의 거울뉴런이 활성화되지 않았지만, 음식 섭취 장면을 볼 때는 신경 시스템이 반응한다는 사실이 입증되었다. 요컨대 동류의 신경 시스템을 공유하는 것은 인간과 동물 간의 근본적인 유대감을 설명할 수 있는 토대를 마련한다. 뇌에서 동일한 영역의 현絃이 진동하는 원숭이, 조금 더 확장하여 영장류, 나아가 모든 일반적인 동물들과 동질감을 느끼고 상호 연결되었다는 감정을 느끼게 된다. 동물을 관찰하고 동물을 만나고 동물의 존재에 젖어드는 것은 동물을 인간과 또 다른 존재 중 하나로 인식하고 사촌 지간임을 받아들이는 것이다.

거울뉴런은 인류의 진화를 거치며 가장 깊은 영역까지 뿌리 내렸다. 만약 우리가 타인과 마주치면 뉴런은 곧장 상대방의 뉴런에 접속하려고 한다. 두 신경계가 일종의 공명 상태에 들어가는 것이다. 오감으로 지각한 100여 개의 힌트를 모아 인간은 순식간에 상대방의 첫인상을 파악할 수 있다. 이는 동물도 마찬가지다.

거울뉴런의 위대한 역할 중 하나는 공감의 기반을 이룬다는 것이다. 인간이 타인의 입장을 헤아리게 만드는 이 능력은 영장류가 진화하는 과정에서 형성된 오래된 특성이다. 그래서 누군가 고통받는 장면을 보면 대개 목격자 역시 이 광경에 영향을 받고 불쾌한 감정을 느끼게 된다. 타인에게서 불안감을 감지하면 나서서 감정을 달래주고 싶은 마음이 자연스럽게 생겨난다. 이 관점에서 공감은 생물학적 진화 차원에서 인간에게 각인되어 있는 능력으로, 공감은 본능적이며 무의식적이라고 말할 수 있다.

자연이 우리를 행복하게 만들 수 있다면

말하지 못하는 단짝이 주는 행복

동물의 존재 자체가 인간에게 주는 심리학적 혜택은 부정할 수 없을 만큼 명백하다. 단지 동물을 쓰다듬는 행위만으로도 인간의 몸에서는 스트레스 예방 호르몬인 엔도르핀 분비가 증가하고 동시에 스트레스 호르몬인 코르티솔이 줄어들어 행복감을 느낀다.

반려동물이 인간의 건강과 행복에 미치는 이로운 영향 덕분에 그들은 오래전부터 의료원에도 도입되었다. 최초의 동물 치료는 1900년대 초까지 거슬러 올라간다. 당시 미국의 한 항공기 조종사 의료센터에서 조종사들의 회복을 앞당기고 사기를 북돋을 목적으로 센터 내에 개를 배치했다.[6] 이 방법은 오늘날까지도 이어진다. 의료기관이나 에파드Ephad(의료 시설을 갖춘 프랑스의 고령자를 위한 요양원—옮긴이)에 사는 알츠하이머병 환자에게서 동물의 존재가 주는 혜택에 대한 자료가 확인되기도 했다.[7] 한편 반려견의 존재는 자폐증 환자뿐만 아니라 외상후 스트레스장애Post-Traumatic Stress Disorder, PTSD를 겪는 사람들에게도 긍정적인 효과를 준다고 보고되었다.

그렇다면 동물과 함께 있을 때 인간의 정신 건강이 향상되는 이유는 무엇일까? 최초로 납득할 만한 설명을 내놓은 사람은 세계적으로 권위 있는 미국 생물학자이자 하버드대학교 교수인 에드워드 윌슨Edward Osborne Wilson이다. 그의 설명은 바이오 필리아biophilia, 자연 친화, 즉 인간의 본능에 내재한 자연에 대한 친화력에 기초한다. 바이오필리아 이론에 따르면 오래전부터 동물은 인간에게 자연의 위험을 감시하는 진정한 파수꾼으로 이용되었다. 진화론적 관점에서 볼 때 반려동물의 행동을 주의 깊게 관찰하는 행위는 인간이 생존할 수 있는 확률을 더욱 높여주었다. 그렇게 인간은 동물 친화적인 조상의 흔적을 유전적으로 간직해왔고 반려동물은 인간의 동료가 되어 지금까지도 절친한 벗에게 안정감을 선물한다.

더욱 놀라운 건 동물과 눈을 마주치는 것만으로도 인간의 몸에서는 특정 호르몬 반응이 일어난다는 사실이다. 인간이 타인에게 공감할 때 시상하부에서 분비되는 호르몬인 옥시토신oxytocin에 대해 들어본 적이 있을 것이다. 타인의 존재로부터 인간이 자연스럽게 느끼는 불안을 감소시킨다는 점에서 서로에 대한 신뢰와 안정감과 관련이 있는 호르몬이다. 또한 옥시토신은 타인의 말을 듣고 공감하는 행위를 포함해, 협력과 상호작용을 돕는다.

《사이언스》에 게재된 한 일본의 논문에 따르면 인간과 개가 서로 눈을 바라볼 때, 인간과 개의 뇌에서 모두 옥시토신 분비가 증가하여 둘의 관계가 강화된다고 밝혔다.[8] 일본 과학자들은 눈을 바라봄으로써 형성되는 관계 형성의 작동 원리가 인간

자연이 우리를 행복하게 만들 수 있다면

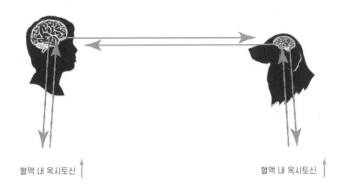

개와 주인의 시선이 교차할 때, 인간과 개의 혈중 옥시토신이 증가하고 서로의 상호
관계는 강화된다.

이 3만 년 전부터 개를 단짝 친구로 길들이는 데 효과적으로 작
용했다고 말한다. 수만 년 동안 개는 인간과의 눈 맞춤으로 관
계를 강화했고 인간의 의도를 상상하는 능력을 키워왔다.

 이 연구 결과는 반려동물이 어떻게 인간 역사의 일부로 굳건
히 자리매김했는지, 왜 반려동물이 인간의 건강에 도움이 되는
지 설명해 준다. 계통발생론의 관점에서 보았을 때 인간은 오
히려 쥐에 가깝고 개와는 멀리 떨어져 있지만 아이러니하게도
인간은 개를 길들였다.

 역으로 개의 존재가 인간의 진화에도 큰 영향을 미쳤다는 사
실을 잊지 말자. 개가 인간의 사냥을 도와주고 때로는 포식자
로부터 안전할 수 있도록 보호했기 때문에 인간은 식량과 자원

에 좀 더 쉽게 접근할 수 있었다.

　반려동물은 특히 노인이나 시각장애인, 자폐증 환자들의 곁에 있을 때뿐만 아니라 아이들의 정서발달 시기에도 그 존재감이 두드러진다. 오늘날에도 인간과 개의 관계는 여전히 가깝다. 종을 뛰어 넘어 신비롭고 든든하기까지 한 존재와의 우정이다.

　　　　　　　　　자연이 우리를 행복하게 만들 수 있다면

10장

흙과 친하게 지내다

"아이들이 야외로 나가 놀면서

흙과 모래를 손으로 만지고 나무를 기어올라가도록

그냥 내버려두자."

자연을 찾는 빈도가 높을수록 혜택을 누리는 자들이 있다. 바로 아이들이다. 하지만 주위를 둘러보면 요즘 아이들이 자연과 접촉할 기회는 예전보다 줄어들었음을 알 수 있다. 연구에 따르면 아이들이 실외에 있는 시간보다 실내의 텔레비전이나 컴퓨터 화면 앞에서 보내는 시간이 여섯 배나 더 길다고 한다.[1]

　아스팔트로 복개하면서 사라진 녹지가 오늘날 이런 풍경을 낳았다. 도시가 밀집되면서 동네에 있던 작은 녹지대마저 사라졌거나 녹지대가 있다고 하더라도 도로의 울퉁불퉁한 면이나 움푹 들어간 땅을 평평하게 메우기 위해 조성되었을 뿐이다. 물론 안전상의 문제를 해결할 수는 있지만 이런 방법으로 조성된 녹지대에서 아이들이 경험하는 자연은 무미건조할 뿐이다.

　아이들은 숲에서 어떤 놀이를 즐길까? 아이들은 본능적으로 자연을 탐험하고, 경험하고, 발견한다. 쌓인 낙엽 위로 뛰어오르고, 모래에 손을 넣어보고, 땅을 긁어보고, 물웅덩이에 뛰어들고, 막대기로 장난치고, 나무에 기어오른다. 그들의 탐험에는 모든 감각이 동원된다. 바라만 봐도 풍족하고 충만한 순간이다.

하지만 우리의 이상과는 다르게, 자연은 아이들의 놀이터로 기능하고 있지만 대체로 안락함을 느끼거나 쉴 수 있는 공간이 되어주진 못하고 있다. 가장 먼저 책임을 져야 할 사람이 어른들임을 인정하자. 어른들은 아이들의 넘치는 흥분을 감당하기 위해 육체 에너지를 방출하는 단순한 수단으로 외출을 권하는 습관이 있다. "좀 나가서 놀아!"라고 말이다.

자연이 단순히 아이들의 에너지 배출구에 지나지 않을까? 여기까지 읽어오면서 당신은 아이들을 자연으로 데리고 가는 행동이 그들에게 분명 이롭다는 사실을 익히 깨달았을 것이다. 자연과의 접촉은 아이들의 인지능력이나 정서발달에도 도움이 된다. 특히 집중력과 상상력을 발달시키고 스트레스와 불안은 줄여준다. 게다가 아이들의 뇌는 발달하는 과정 중에 있기 때문에 자연이 주는 혜택이 발휘되는 순간 극명하게 드러난다.

앞에서 도심에 조성된 빈약한 공원이나 정원은 무미건조한 자연이라고 말했다. 이는 단순한 비유로 치부할 만한 것이 아니고 실제로 생명력이 부재한다는 말이다. 인공으로 조성한 공

자연이 우리를 행복하게 만들 수 있다면

원이나 정원에는 농촌에 있는 자연에서 접촉할 법한 미생물이 없다.

미생물은 인간과 접촉하면서 인간의 건강에 중대한 영향을 미친다. 특히 아이들은 자연과 접촉하면서 다양한 미생물과 유익한 관계가 형성되는데, 여기에서 박테리아가 중요한 역할을 담당한다. 어린 시절 자연에 자주 노출될수록 일생에 걸쳐 신체적으로나 정신적으로나 얻는 건강의 혜택은 더욱 커진다.

그렇다면 인체에서 미생물의 혜택을 가장 직접적으로 받는 영역은 어디일까? 대부분의 내장이 모여 있는 배 속이다. 소화기능에서 그칠 것이라 생각했던 배의 숨겨진 면모를 한번 살펴보자.

머리 안의 뇌와 배 속의 뇌

배에는 우리의 기분이 깃들어 있다. '배가 더부룩하다', '그 내용을 소화하기 어렵다', '역겹다' 등 일상에서 자주 사용하는 이러한 표현들은 배와 감정 사이의 깊은 관계성을 드러낸다.

그러나 과학계에서는 이상하리만치 꽤 오랫동안 배와 감정 사이에 형성된 깊은 관계에 대해 별로 관심이 없었다. 아마 다음과 같은 생각이었을 것이다. '왜 배 속에 관심을 가져야 하지? 배와 장은 가끔 시끄러운 소리만 내고 소화만 시키는 불쾌

한 배관에 지나지 않잖아.'

인체에서 배는 본능적 욕구와 생식과 연결 지어 인간의 동물성과 연결된 어두운 영역으로 여겨졌다. 지능을 양도하는 고귀한 역할을 수행하며 머리의 왕관처럼 빛나는 뇌와는 정반대로 인식되는 영역이었다.

그런데 배와 뇌를 가르는 이원론에 의문이 제기되기 시작하면서 과학자들은 배의 기능이 얼마나 정교하고 중요한지 깨닫기 시작했다. 연구가 누적되어 전문화되면서 뇌만큼이나 배 속이 다채로운 공간임을 알게 된 것이다.

인간의 복부에는 어떤 신비롭고 귀한 보물이 숨어 있을까? 배 속에도 뇌처럼 뉴런이 있다. 인간의 배는 소화 시스템을 돌볼 뿐만 아니라 뇌와 정보를 교환하는 약 2억 개의 뉴런이 활발하게 활동하는 장소다. 그 뉴런들이 바로 소화관을 따라 감겨 있는 장신경계enteric nervous system다. 길이가 긴 장신경계는 식도에서 출발해서 항문까지 내려가며 10~12미터까지 늘어나 약 400제곱미터의 장의 표면을 덮는다.

진화적 관점에서 보았을 때 장신경계의 기원은 오래되었다. 뇌가 생기기 한참 전에 나타난 최초의 형태의 신경계라고 볼 수 있는데, 뇌가 없는 수중 원시 생물인 히드라에서도 장신경계가 발견된다. 히드라의 작은 소화관에 들어 있는 물과 영양소는 내부 세포 돌기의 박동으로 순환한다.

다시 인간으로 돌아와 배아의 관점에서 보았을 때, 배 속의 신경세포는 머리의 뇌와 기원이 같지만 태아 발달 시기에 분리되어 배 쪽으로 이동하여 그곳에서 장신경계를 형성한다. 이렇듯 뇌와 장신경계는 같은 유형의 뉴런을 공유한다.

끝이 아니다. 장신경계는 다른 중추신경으로부터 독립적으로 작동할 수 있다. 먼저 장신경계는 '꿈틀운동peristalsis'이라는 복잡한 수축 작용을 통괄한다. 연동운동이라고도 부르는 이 작용은 소화기관에서 음식과 소화액의 장내 이동을 가능하게 만드는 근육의 움직임이다.

또한 단순히 음식물을 소화시키는 역할을 넘어서 두뇌와 상호작용을 할 수도 있다. 인생에서 한 번이라도 중대한 시험을 치러본 사람이라면 스트레스가 소화계에 어떤 영향을 미치는지 느낀 적 있을 것이다. 마지막으로 배 속에 있는 제2의 뇌는 역으로 인간의 감정과 정신에 영향을 끼치기도 한다.

그렇다면 배와 뇌는 그 먼 거리를 두고서 어떻게 소통하는 것일까? 배와 내장에서 나온 정보는 주로 미주신경vagus nerve이라는 중추신경에 전달된다. 이 신경이 방랑한다는 뜻의 '미주wandering'라는 이름이 붙은 이유는 인체에서 가장 길고 넓게 퍼져 있기 때문이다. 미주신경은 머리에서 시작해서 목을 지나 폐에 머물렀다가 심장을 지나 복부까지 내려온 다음, 복부의 소화기관에 분포한다. 인체 주요 기관을 탐방하는 미주신경을

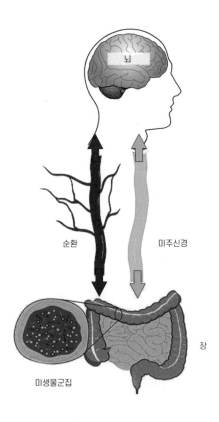

뇌

순환　　　미주신경

미생물군집　　　　장

뇌와 장 그리고 미생물군집 간 다양한 형태의 소통

통해 장은 음식물을 섭취할 시기나 배불리 먹었다는 신호를 뇌
에 보내면서 소통한다.

　맛있는 요리를 먹을 때 인간이 기쁨을 느끼는 이유도 미주
신경 덕분이다. 음식물을 섭취하면 미주신경을 통해 그 정보가
외줄기로 전달되면서 행복과 포만감을 생성하는 호르몬을 분

　　　　　　　　　　　　자연이 우리를 행복하게 만들 수 있다면

비하는 시상하부에 이르게 된다. 이와 반대로 스트레스를 느끼면 장신경계는 예민해진다. 불안할 때 위가 꼬인 느낌이나 울렁거리는 느낌이 드는 것처럼 언젠가 한 번쯤 겪어 보았음직한 불쾌한 감정이 일어난다. 만약 스트레스가 오랫동안 지속되면 미주신경은 만성적인 장질환이나 소화기관에 장애를 일으킬 수도 있다.

머리 안의 뇌와 배 속의 뇌는 혈액을 통해 간접적인 방식으로 소통하기도 한다. 과학자들은 장신경계가 혈액의 순환을 통해 뇌에 결정적인 신경전달물질을 흘려보내는 화학 공장과 같다는 사실을 알아차렸다. 특히 장신경계는 인체 내에서 세로토닌의 95퍼센트를 분비한다.

세로토닌이 장에 한번 분비되면 연동운동을 자극하여 소화에 영향을 미친다. 보상회로를 활성화하고 마음이 진정되는 느낌을 주기 때문에 세로토닌은 '행복 호르몬'이라고 불리기도 한다. 이와 반대로 침울, 우울, 불안한 기분은 정상 수치보다 낮은 세로토닌 분비율과 관련이 있다.

1990년대 우울증 치료에 주로 처방되던 '프로작Prozac'에 대해 들어본 적 있는가? 프로작은 뇌에 세로토닌 농도를 높이는 선택적 세로토닌 재흡수 억제제 계열의 항우울제에 해당하여 '행복 알약'이라고도 알려져 있다.

하지만 프로작도 중증 우울증 치료에는 효과가 미미하다. 때문에 정신의학 분야에서 장-뇌 중추gut-brain axis에 대한 연구가 더욱 활발하게 진행되고 있으며 이 덕분에 심리적 문제, 감정 장애, 우울증을 앓고 있는 사람들이 왜 소화기관의 문제를 동반하는지 서서히 밝혀지고 있다.

배 속 생태계

제2의 뇌라는 별칭이 붙은 장신경계는 엄연히 따지면 두뇌의 역할을 대신할 수는 없다. 두뇌처럼 생각을 관장하지 못하며 정신적 과정이 일어나는 영역이 아니기 때문이다.

그러나 장신경계가 감정을 느끼고 반응한다는 점은 확실하다. 오히려 장신경계는 스트레스와 감정에 민감하다고 말할 수 있으며 인간의 행복에 즉각적으로 영향을 미칠 수 있다. 또한 장신경계는 성폭력[2]이나 정신적 외상처럼 강력한 스트레스를 유발했던 사건에 의해 오랜 시간에 걸쳐 변형되기도 한다. 이렇듯 장신경계는 인간의 몸 깊숙한 영역에 기억의 한 형태로 새겨진다.

장 기능 일체는 수십억 개의 작은 반응과 지각으로 구성된 본능적인 지식 탐지기라고 볼 수 있다. 장신경계가 활성화되면 우리에게 너무나 익숙해서 잘 아는 신체적 반응으로 나타난다. 스트레스를 받을 때 느끼는 꺼림칙함이 대표적이다. 그러나 때에 따라 배 속의 뇌는 좋은 결정을 내렸다는 확신을 우리에게 주기도 한다. 이쯤 되면 세상에 대한 인간의 무의식적인 직감을 제공하는 주요 공급처라고 부를 수 있지 않은가? 그러니 잠시 읽기를 중단하고 장신경계가 보내는 신호에 주의를 기울여보자.

장신경계를 제대로 이해하기 위해서 반드시 고려해야 할 요소가 또 하나 있다. 바로 미생물군집microbiota, 또 다른 이름으로는 마이크로바이오타다.

소화계는 외부와의 접촉면이 넓은 배 속의 피부와 같다고 볼 수 있다. 상피上皮라고 부르는 소화 점막은 단 하나의 세포층으로 구성되어 있어 얇디얇다. 보기에는 얇을지라도 섬세한 상피 조직은 모세혈관을 통해 내장의 분자를 인체의 다른 부분으로 보내는 데 적합한 구조다. 즉 소화 점막은 환경과 개체 사이에 교환이 이루어지는 진정한 체내 접속 장치라고 할 수 있다.

소화 점막은 수많은 외부 분자, 미세한 진균眞菌, 100여 개의 서로 다른 종의 약 100조 개의 바이러스와 접촉한다.[3] 잘 알고 있는 박테리아도 여기에 포함된다. 이러한 미생물 생태계 일체를 '장내 미생물군집', 혹은 줄여서 '장내 미생물'이라고 부른다. 장내 미생물은 인체를 거처지로 선택한 박테리아 동물원의 형세라고 볼 수 있는데, 그 작은 생물이 군집을 이뤄 만든 무게는 두뇌보다 조금 더 무거운 2킬로그램 정도다.

인간은 어렸을 때부터 장내 미생물과 진정한 공생 관계를 구축했다고 할 수 있는데, 인간은 각자만의 장내 미생물 환경을 갖추고 있으며 구성 요소는 생애 초기부터 달라진다.

첫 번째로 장내 미생물 구성은 출산 방식에 따라 달라진다.[4] 자연분만으로 출산된 경우 아기의 장내 미생물에 먼저 자리를 잡는 것은 산모의 질이나 대변 등에 사는 미생물로부터 전달된 락토바실러스lactobacillus와 프레보텔라prevotella다. 반대로 제왕절개로 출산된 경우 분만실이나 산모의 피부에 있던 박테리아가 아기의 장내 미생물을 점령한다.

두 번째, 모유도 하나의 요인으로 작용한다. 모유는 특히 락토바실러스와 비피두스bifidus가 풍부한 세균총으로 이루어져 있기 때문에 신생아의 장내 미생물에 지속적으로 영향을 미치게 된다.

아기의 장내 미생물은 2살쯤 안정화되며 어릴 적 구성된 박테리아의 종류가 영원히 남아 있을 박테리아의 대부분을 결정한다. 인간은 그렇게 아기였을 때 남은 박테리아의 흔적을 평생 간직한다.

독자적으로 기능하고 장신경계와 의사소통하는 수단을 가진 장내 미생물은 인간의 건강에 없어서는 안 되는 소중한 생태계다. 장내 미생물이 비타민K와 비타민B 등의 합성에도 관여한다는 사실을 알고 있는가? 이처럼 인간의 소화 점막에 장벽을

자연이 우리를 행복하게 만들 수 있다면

뒤덮어 주고 병원균을 막아 주는 방벽 역할을 수행하는 수많은 착한 박테리아가 있다. 예를 들어 어떤 박테리아는 박테리오신 bacteriocin이나 젖산lactic acid 같은 항균성 분자를 생성하여[5] 병원체로부터 인간을 보호하는 중대한 역할을 도맡기도 한다. 이러한 박테리아는 비만, 제2형 당뇨병, 크론병 같은 다수의 만성 질환을 예방한다.

세계의 전체 인구 중 5퍼센트가 과민대장증후군을 앓고 있다. 과민대장증후군이 있는 사람에게서는 락토바실러스의 비율이 건강한 사람보다 낮은 것으로 나타난다. 따라서 과민대장증후군을 완화하려면 락토바실러스가 풍부한 음식을 섭취하는 게 도움이 된다.[6]

미생물이 기억과 기분에 영향을 미친다고?

장내 미생물은 두뇌가 담당하는 기능에도 일부 영향을 미친다. 상상이 가는가? 그런데 이 과학적 사실은 동물과 인간을 실험 대상으로 한 수많은 연구를 통해 이미 증명되었다. 어떤 박테리아는 기분과 행동에 영향을 주는 세로토닌(앞서 확인했듯 장 속에서 95퍼센트가 생성된다)과 도파민 같은 신경전달물질을 합성하기도 한다.

더 놀라운 소식도 있다. 미국 버클리대학교 연구원들은 장내 미생물과 인간의 기억력 사이에도 관련이 있다는 연구 결과를 발표했다.[7] 연구원들은 실험용 쥐로부터 동물의 기억력에 직접적으로 작용하는 다수의 장내 박테리아 군집을 발견해냈다. 그런데 이 군집은 신생아의 소화관에 최초로 서식하는 세균주 중 하나인 락토바실러스 루테리lactobacillus reuteri를 포함한 여러 계열의 유산균이었다. 연구원들은 쥐의 장내 미생물에서 락토바실러스 루테리를 제거하면 쥐의 기억력이 크게 떨어지고, 반대로 새로운 유산균을 주입받은 쥐의 기억력은 크게 회복되는 현상을 발견했다. 다수의 이로운 분자가 혈액순환을 통해 장에서 뇌로, 더 정확히 말하자면 기억력에 결정적인 역할을 하는 해마로 이동하면서 발생한다.

나아가 아일랜드 코크대학교의 연구원들은 어린 쥐의 대변에서 채취한 미생물을 나이 든 쥐에게 이식하기만 해도 나이 든 쥐의 기억력과 연관된 장애의 발병을 크게 감소시킨다는 사실을 발견했다.[8] 장내 미생물의 노화로 인한 인지적 악화를 역전시킨 것이다. 이 결과가 확증되면 인체의 노화로 인해 발생하는 질병과 증후를 예방하는 데 엄청난 반향을 일으킬 것이다. 물론 인간에게 똑같이 적용될 수 있지 알아보기 위해 과학적으로 밝혀내야 할 부분들이 아직 남아 있다.

다른 맥락에서 볼 때 장내 미생물은 인간의 기분에도 영향을 준다. 2019년 영국 과학 학술지 《네이처Nature》에 게재된 논문

자연이 우리를 행복하게 만들 수 있다면

에 따르면 연구원들은 벨기에 플랑드르 지방에 사는 1천여 명의 장내 미생물을 분석했다. 분석 결과 우울증 진단을 받은 환자의 장내 미생물에는 코프로코쿠스coprococcus와 디알리스터 dialister라는 두 종류의 박테리아의 수가 확연히 적다는 점이 확인되었다.[9]

이 결과를 해석할 때는 신중해야 한다. 두 종류의 박테리아가 결핍되었다는 현상만 가지고 박테리아의 유무가 우울증을 유발한다고 말할 수 있는 것은 아니기 때문이다. 단순히 식단 변화가 요인이었다고도 설명할 수도 있다.

그러나 《네이처 마이크로바이올로지Nature microbiology》에 게재된 연구에 따르면 8주 동안 프로바이오틱스probiotics(적당한 양을 섭취했을 경우 건강에 긍정적인 영향을 미치는 살아 있는 미생물)[10]를 우울증 환자에게 처방해 주자 그들의 기분이 눈에 띄게 좋아졌다고 증명했다. 장내 미생물의 박테리아가 두뇌에 화학적 변화를 불러일으키고 인간의 심리 상태에 영향을 준다는 가설이 실제로 들어맞는 순간이었다.

장내 미생물은 수많은 신경성 질환 연구에서 치료 가능성의 실마리를 제공한다. 장내 미생물을 활용한 치료는 약물 치료와는 반대로 장내 생태계를 이용하기 때문에 환자가 질병에 보다 강력하게 저항할 수 있는 환경을 조성한다. 또한 환자에게 유리하게 작용하는 박테리아를 주입하거나 장내 미생물을 부분적으로 복구하여 배 속 생태계를 긍정적인 방향으로 변화시킴으로써 치료가 섬세하게 작동할 수 있다. 장내 미생물과 신경성 질환 사이의 관계는 복잡하다고 볼 수 있지만 이미 이 분야의 임상실험이 진행되고 있을 만큼 인간에게 유망한 치료임은 틀림없다.

오래된 친구 가설

밖으로 나가 놀게 했던 아이들의 이야기로 다시 돌아와 보자. 오래전부터 어른들은 아이들을 미생물로부터 멀리 떨어트려 놓으려는 경향이 있었다. 소독을 비롯한 위생 수칙을 어려서부터 교육하고 빈번한 항생제 사용이 자연스러워진 현대적생활 방식에 따라 아이들의 박테리아 노출은 예전에 비해 크게 줄어들었다. 그 결과 현대 사회에서 잠재적으로 위험한 미생물은 완전히 사라졌다고 볼 수 있다.

동시에 과도하게 청결한 생활 방식은 아이들이 일찍이 좋은 미생물과 접촉할 수 있는 기회도 줄어들게 만들었다. 물론 건강에 위협이 되는 박테리아도 있지만 앞서 확인했듯 인체에 살고 있는 수십억 개의 박테리아는 인간의 건강에 이로움을 주며외부로부터 침투되는 각종 질환으로부터 우리를 보호한다. 미생물과의 접촉 빈도가 줄어들면서 아이들의 장내 미생물 발달과 다양화가 축소되는 부정적인 결과가 이어졌다. 특정 상황에서 미생물과의 접촉 감소와 면역 시스템의 성장 부진은 인간에게 만성적인 병리를 야기하기도 했는데, 과학자들은 이러한 장내 미생물의 빈곤화를 포스트 모던 질병들과 연관 지었다. 알레르기, 만성염증 그리고 앞서 언급한 우울증과 같은 정서장애도 포함한 소위 '문명화 질병'들이다.

이에 과학자들은 많은 실험을 통해 '오래된 친구'[11] 가설을 뒷받침한다. 오래된 친구란 인간이 유아기에 만나는 무해한 미생물들을 가리킨다.

이 발상은 1980년 영국 전염병학자 데이비드 스트라찬David Strachan이 처음 제안했다. 영국인 1만 7,400명의 건강 데이터베이스를 연구한 스트라찬은 각 가정의 막내들이 형제자매들보다 비염이나 알레르기, 습진에 덜 걸린다는 흥미로운 현상을 발견했다. 스트라찬은 형제들보다 어린 막내들이 밖으로 나가노는 시간이 더 많아 박테리아에 빈번히 노출되기 때문에 장내 미생물이 많이 형성된 것이고, 이는 특정 질병에 걸릴 확률을 낮춘다고 보았다.

1990년경 농장에서 사는 아이들을 대상으로 실시된 다수 연구가 스트라찬의 엉뚱한 가설에 확증을 더했다. 농장의 동물로부터 병원체에 빈번히 노출되는 아이들은 꽃가루 알레르기 등질환을 덜 앓았다. 또 다른 연구는 스트라찬의 가설에 쐐기를 박았다. 연구원들의 주장에 따르면 생물 다양성이 높은 자연에서 미생물에 노출된 아이들은 알레르기와 천식, 자가면역질환에 덜 걸린다고 했다.[12]

종합 결과, 인간이 미생물로부터 지나치게 멀리 도망가려고 하면 할수록 면역계는 미미한 수준의 자극만 받으면서 점점 쇠약해진다고 할 수 있다.

장내 박테리아도 마찬가지다.[13] 나이지리아에서 도시 거주민과 농촌 거주민의 장내 박테리아를 비교했던 실험을 예로 들어 보겠다. 연구원들은 이 실험을 통해 농촌에 사는 아이들이 도시에 사는 아이들보다 훨씬 더 다양한 박테리아의 혜택을 받는다고 밝혔다.[14] 이러한 현상은 덩이줄기 식물, 곡물, 잎채소 등 가공하지 않은 자연식품 위주인 농촌 거주민의 음식 섭취 습관 및 자연과의 직접적인 접촉에서 기인했다. 연구원들은 농촌 거주민들이 소화 문제나 알레르기를 포함한 산업화된 생활 방식에서 비롯한 질병으로부터 훨씬 더 자유롭다는 결론을 내렸다.

건강은 적당한 흙 놀이에 비례한다

세계 곳곳이 도시화, 현대화된 시점에 우리는 문명화 질병에서 생기는 문제를 타개할 수 있을까? 위생의 경계 수위를 낮추고 우리의 삶에 박테리아가 침입하도록 용인해야 할까? 물론

자연이 우리를 행복하게 만들 수 있다면

코로나19처럼 전염력이 강한 바이러스가 창궐하는 시기에는 엄격한 위생 수칙이 필수적이다. 다만 현재 진행 중인 연구를 근거로 삼아, 장과 미생물은 단순히 소화하는 기능 이상의 역할을 해낸다는 점이 분명해졌다. 때문에 배 속을 근본적인 건강의 원천으로 여기고 지금부터라도 제대로 유지해야 한다. 또한 우리 몸에서 장내 미생물이 건강하게 기능하는지 주기적으로 살펴야 한다.

그렇다면 인체의 다양한 장기들과 소통하는 박테리아에게 더욱 잘 해줄 수 있는 방법은 무엇이 있을까?

첫 번째, 우리의 입술을 통해 들어오는 음식물이 바로 자기 자신임을 기억하자. 장내 미생물은 섭취하는 음식물을 반영한다. 충분한 양의 프로바이오틱스와 유제품, 섬유질, 항산화 물질을 일상적으로 섭취하는 습관이 장내 미생물에 이로운 박테리아를 늘리는 방법 중 하나다.

두 번째, 자연과 직접적으로 접촉하여 장내 미생물을 풍부하게 늘린다. 자연이 인간에게 주는 혜택 중 가장 빛을 발하는 순간이다. 단순히 정원 가꾸기, 삽질하기, 축축한 땅의 냄새 맡기만으로도 기분에 영향을 끼치는 미생물과 접촉해 행복해진다.

피부 혹은 호흡을 통해서 인간이 흡수하는 이로운 미생물도 긍정적인 효과를 불러일으킨다. 실제로 영국 브리스톨대학교 교수 크리스토퍼 라우리Christopher Lowry[15]와 그가 이끄는 팀이 실시했던 연구에 따르면 땅에 자연적으로 널리 퍼져 있는 마이코박테리움 백케이mycobacterium vaccae라는 박테리아가 체내에 많이 유입될수록 뇌에서 항우울 효과가 있는 호르몬인 세로토닌의 분비가 증가한다고 한다. 그러니 흙 놀이를 하다 손이 더러워져도 겁낼 필요가 없다.

자연으로부터 특별히 많은 혜택을 받는 아이들에게 자연과의 접촉은 더욱 중요하다. 아이들이 야외로 나가 놀면서 흙과 모래를 손으로 만지고 나무에 기어올라가도록 그냥 내버려두자. 손과 혀와 얼굴을 통해 자연을 맛보고 직접 느끼면서 평생 동안 균형 잡힌 장내 미생물을 키워나갈 수 있다. 아이들이 가끔 흙으로 옷을 잔뜩 더럽히기를 진심으로 바란다. 자연이 신체와 뇌에 주는 최고의 선물이니까.

자연이 우리를 행복하게 만들 수 있다면

11장

산의 고요함에 귀 기울이다

"눈앞의 풍경에 침묵하기만 해도

산을 이해할 수 있다."

프랑스 시인 폴 발레리Paul Valéry는 단번에 알아차리기 어려운 시적인 권고 사항 하나를 남겼다.

"더 이상 아무런 소리도 들리지 않을 때, 침묵의 소리에 귀 기울여보라. 당신의 귓가에 남아 있는 무無는 거대하다."

태산과 같은 고요함 속에서 귀를 어루만지는 부드러운 천과 같은 질감을 느껴본 적 있는가? 나는 발레리가 발견한 '없음의 소리'가 우리들이 감각할 수 있는 침묵의 결을 직조한다고 믿고 있다.

그런 고요함에 내포된 섬세한 힘이 압도하는 장소가 지구상 존재한다면 어디일까? 나는 폴 발레리가 말한 이 '거대한 무'는 틀림없이 산의 침묵이 군림하는 소리라고 믿는다. 깊숙한 곳에서부터 산 전체를 호령하는 강렬하고 자연스러운 고요함이다.

바다에 거대한 파랑이 일렁이는 것처럼 겨울이 오면 산에는 거대한 하얀 침묵이 뒤덮인다.

나는 산의 정상에서 바람처럼 불어오는 고요함 앞에서 불안감이나 긴장감을 잃어버린다. 오스트리아 출신인 나는 어렸을 때부터 가족들과 함께 알프스에서 산의 고요함을 감상할 기회가 종종 있었다. 산의 고요함은 나를 강하게 만드는 한편, 마음을 달래주기도 했다. 고요함은 소리의 부재이지만 표현의 부재이기도 하다. 인간을 비롯한 생명들이 쉴 새 없이 이야기를 나누는 숲과 달리, 산에서는 보고 있는 풍경을 명명하거나 묘사하기 어려울 만큼 숨이 턱 막히기 때문이다. 어떤 의미에서는 눈앞의 풍경에 침묵하기만 해도 산을 이해할 수 있다.

산의 미세한 숨결을 느끼다

침묵의 매력을 어떻게 설명할 수 있을까? 소음이 완벽하게 차단된 환경을 조성하기 어렵다는 이유로 침묵이 단순히 심리에서 기인하는 현상이라고 말할 순 없다. 소리로부터 완전히 격리된 상태를 과학에서는 '제로 데시벨'이라고 부르는데, 제로 데시벨이 조성된 환경은 음파를 흡수하는 벽으로 방음이 된 무향실이라는 실험실에서만 가능하다. 사람 하나 보이지 않는 외진 자연이라 할지라도 무향실처럼 완벽한 제로 데시벨은 불

자연이 우리를 행복하게 만들 수 있다면

가능하다. 어떤 자연이라도 독특한 울림과 떨림이 있다.

사막의 모래가 일으키는 아름다운 '언덕의 노래'에 대해 들어본 적 있는가? 사막이 노래를 부른다는 경이로운 자연의 비밀은 2000년대 초 프랑스 물리학자 스테판 두아디Stéphane Douady가 처음 간파했다.[2] 13세기 이탈리아 탐험가인 마르코 폴로Marco Polo와 찰스 다윈도 각자 그들의 시대에 언덕이 부르는 노랫소리를 들었다고 증언한 바 있다. 언덕의 노래는 사막에서 이따금 들을 수 있는 기이한 진동으로, 모래 알갱이들이 마찰하면서 내는 소리다.

아무리 드높은 산이라도 완벽한 무음의 상태가 아니다. 산의 배경을 만드는 자연 발생 소리를 지오포니geophony(지질학을 뜻하는 'geology'와 소리를 뜻하는 'phony'의 합성어로, 자연이나 생물에서 발생하는 소리를 이르는 말)라고 부르는데, 이는 주로 바람이 만들어낸다. 주의를 집중하여 이 문장을 제대로 이해하기 바란다. 먼저 바람은 그 자체로 소리를 만들지 않는다. 인간이 듣는 소리는 바람이 바위 언덕에 가볍게 스치면서 내는 소리다. 이 소리는 음량 10데시벨 정도로 거의 들릴 듯 말 듯 하다.

산도 사막처럼 노래를 만든다.[3] 다만 주로 인간이 귀로 들을 수 있는 주파수 영역 밖의 소리여서 사실상 지각하기 어려운 미세한 숨결이라 말하는 게 낫겠다. 그러나 조금만 귀 기울여보면 간질이듯 들리는 산의 속삭임은 마치 산이 살아 있는 것과 같은 느낌을 준다.

산의 소리가 잘 들리지 않는 이유는 도시의 앤스로포니 anthrophony(인류학을 뜻하는 'anthro'와 소리를 뜻하는 'phony'의 합성어로 인간에 의하여 발생하는 소리를 지칭하는 말) 중에서도 특히 비행기 엔진, 자동차 엔진, 공장과 개척지에 쓰는 엔진 등 수많은 모터 소리 때문이기도 하다.[4]

잠시 진찰을 통해 침묵의 혜택을 명확하게 밝혀보겠다. 마지막으로 소음 때문에 투덜거렸던 때는 언제인가? 언제 주변의 침묵을 음미했는가? 당시 침대나 정원에 있는 긴 의자에 누워 있지 않았는가?

신경과학 분야에서 청각이란 항상 활동 중인 감각이다. 귀는 우리가 인지하지 못할 때에도 언제나 미세한 소리까지 듣고 있다. 인간은 주로 시각을 통해 세상에 한 발 다가가지만 반대로 청각을 통한 세계는 인간에게 한 발 다가온다.

최근 기차 여행을 다녀온 적이 있다면 머리에 한번 떠올려 보자. 기내에서 승객들의 통화 소리를 피하는 행위는 불가능하다. 슬프지만 귀에는 눈꺼풀이 없다. 의심의 여지없이 수백만 년 전 인간의 귀는 위험으로부터 몸을 지키는 경비 역할을 담당했을 것이다.

뇌는 미세한 소리에도 코르티솔 같은 다양한 스트레스 호르몬을 분비시키며 반응한다. 뇌에서 호르몬이 분비되면 인체는 그에 반응하여 다가올 위험에 대비한다. 장기적으로 볼 때 소음이 지속되면 뇌는 지속적으로 스트레스 호르몬을 인체에 쏟아붓고, 몸의 생리를 오랫동안 교란시킨다. 그렇게 되면 2장에서 살펴보았듯 면역을 지키는 방어력이 약해지고 심혈관질환에 걸리기 쉬운 몸 상태가 된다.

여러분은 대도시권에서 살고 있는가? 그렇다면 작은 소리에도 발끈하게 되는 과민함이 무엇인지 잘 알 것이다. 미세한 소리에 과민해지는 경우는 뇌가 모르는 사이에 자극적인 신경전달물질을 분비하면서 귀를 통하여 생성되는 과도한 신호에 맞서 싸우고 있다는 뜻이다. 어쩔 수 없이 귀를 통해 들어오는 소음은 뇌를 녹초로 만들고 오랫동안 고통 가운데 두면서 인체를 파괴한다.

과도한 소음으로 인해 질병을 얻는 사람들도 있다. 다수의 국제 연구를 분석한 결과 거주지 주변의 소음이 60데시벨을 넘을 경우 심혈관질환과 심근경색에 걸릴 위험이 높아진다는 사실이 밝혀졌다. WHO는 파리 거주민의 11퍼센트가 규정 기준보다 강도가 높은 소음에 노출된 환경에 처해 있으며, 소음이 거주민의 수명을 여러 해 단축한다고 결론을 내린 바 있다.[5] 파리뿐만 아니라 프랑스 전역에서 수백만 명이 매일 밤낮으로 도로와 철도, 비행기 소음에 노출된다. 유럽환경청EEA에 따르면 유럽 전체에서 소음으로 인한 연간 조기 사망자의 수가 1만 명에 달한다. 도시 소음이 우리를 죽이고 있다고 해도 과언이 아니다.

태산과 같은 침묵

독성과 같은 도시의 소음을 해독시켜줄 치료제는 무엇일까? 짐작했겠지만 침묵이다. 뇌는 재생하고 배터리를 충전하기 위해 침묵을 필요로 한다. 생체시계의 시간을 조율하기 위해 평화로운 산과 접하는 것만큼 좋은 방법도 없다. 따라서 현 시점에 인간은 산과 맺고 있는 관계를 재검토해야 한다. 산은 대도시의 높은 소음으로부터 뚝 떨어져 피곤에 지친 뇌를 회복시키는 데 필요한 무상의 해독제를 제공한다.

여기서 끝이 아니다. 외부의 소음에서 격리된 조용한 환경은 내면의 침묵을 불러일으키는 필요조건이기도 하다. 거대한 공간이나 산맥을 응시하고 있으면 웅장함에 숨이 멎을 듯한 감동을 받는다. 그 독특한 아름다움은 스스로를 잊어버리게 만들고, 멈출 줄 모르는 생각이라는 머릿속 소음을 줄이는 순간이자 안개처럼 꽉 차 있던 잡념을 놓아버리는 황홀한 순간이다.

2019년 출간했던 책 《뇌와 침묵Cerveau et silence》[6]에서 자세히 설명했듯, 침묵을 추구한다는 행위는 우리 안에 살아 있는 지극히 인간적인 그 무엇에 가닿을 수 있도록 마음의 문을 열

자연이 우리를 행복하게 만들 수 있다면

어젓힌다. 프랑스 브르타뉴 출신의 시인 외젠 기유빅Eugène Guillevic의 문장들은 이러한 내면 탐색을 기막히게 묘사한다.

"침묵은 인간을 자신에게 데려다주고, 마음을 가볍게 만드는 유일한 '소리'다."

산은 인간이 자신을 탐색할 수 있는 이상적인 환경을 마련해 준다. 산을 두루 돌아다녀 보면 산이 당신에게 주는 혜택은 더욱 커진다는 사실을 느낄 수 있을 것이다. 《침묵Du Silence》[7]을 저술한 프랑스 작가 다비드 르 브르통David Le Breton이 《걷기 예찬》[8]을 쓴 것도 우연이 아니다. 침묵과 산책은 함께 있을수록 역량을 발휘하니 말이다. 잠자코 걸으면서 태산과 같은 침묵에 귀 기울여보라.

산 공기 요법

인간은 걸으면서 자연스레 숨을 들이마시고 내뱉는다. 산에 대해 이야기하는데 산속에서 마시는 신선한 공기를 빼놓고 말할 순 없다. 도시의 오염된 공기와는 달리 산의 공기는 비교적 온전하다고 볼 수 있는데 산에 오를수록 질소산화물, 황산화물 등 소위 최초 오염 물질은 가볍게 넘겨도 되는 수준으로 줄어들기 때문이다. "산의 좋은 공기를 마시러 간다"라는 말이 어느 때보다도 암시하는 바가 큰 요즘이다.

산속 공기는 적혈구 생성에도 도움이 된다. 고지대는 공기 중의 산소의 농도가 낮기 때문에 오히려 인간의 혈중 산소 농도는 올라가, 인체에 최적화된 산소 포화도를 공급한다. 결과적으로 근육에도 원활한 산소 공급이 일어나 근육의 성능도 최고에 달한다. 국가대표 축구 선수든, 럭비 선수든, 육상 선수든 프로들은 고지대 훈련이 주는 혜택을 이미 몸소 알고 있다.

산속 좋은 공기가 좋다는 인식이 공통적으로 깊이 뿌리내린 또 다른 이유가 있다. 그 기원은 19세기까지 거슬러 올라가는데, 당시 폐질환 중에서도 치사율이 가장 높았던 결핵 환자에게 고지대 치료법이 추천되었기 때문이다. 20세기 초만 하더라도 결핵은 목숨을 앗아갈 만큼 매서운 위세를 떨쳤고 결핵으로 인한 희생자는 전 세계 1천만 명에 달했다. 항생제가 발명되기 전까지 의학계에는 결핵을 이겨낼 해결책이 없었다.

결핵 치료제가 없는 상황에서 공장과 도시 오염으로부터 가능한 멀리 떨어지고 자연과 가까이하는 것이 건강을 회복하는 데 도움이 된다는 가정이 대두하자 결핵 환자들은 치료를 받기 위해 고산지대로 몰려들었다. 산에는 환자들에게 신선한 공기 치료법을 제공하기 위한 의료 시설이 대거 설립되었다. 결핵 퇴치가 진정한 국가적 대의였던 시대, 항생제만으로 질병을 퇴치하기 전인 1900~1950년 프랑스에만 약 250개의 결핵 요양소가 설립되었다. 항생제의 등장 이후 대부분의 요양소는 문을

자연이 우리를 행복하게 만들 수 있다면

닫았고 오늘날 남은 요양소는 신선한 공기와 전지 요법(날씨가 인체에 미치는 영향을 연구하여 질병을 치료하는 방법) 그리고 위생 주의 개념이 섞여 있던 혼란스러운 과거만을 상기시킬 뿐이다.

오늘날 산의 신선한 공기는 다시금 유명세를 얻고 있다. 도시에서 발생하는 먼지 농도가 연신 최고치를 기록하면서 높은 산으로 올라가야만 도로와 건물 등 생활 주변의 오염원에서 벗어날 수 있게 되었기 때문이다.

그러나 인간의 건강에 어떤 치명적인 영향을 끼치는지 아직 제대로 밝혀지지 않은 미세먼지와 스모그가 짙은 날에는 일정 높이 이상으로 올라야만 맑은 공기를 쐴 수 있다. 지표면으로 배출된 오염원이 대류를 통해 가닿을 수 있는 거리인 대기 혼합고의 경계 이상으로 올라가야 한다. 이런 와중에 프랑스 공중보건청SPF이 실시한 조사 결과, 2016년 프랑스에서 도시 대기오염으로 사망한 자의 수가 4만 8천 명에 달한다는 발표도 가히 충격적이라고 할 수 있다.[9]

침묵 요법

침묵이라는 주제로 돌아가 보자. 강도가 적절한 배경의 소음이라도 끊임없이 지속되면 뇌는 경계 태세를 유지할 수밖에 없고 결국엔 지치고 만다. 뇌세포가 스트레스에 민감함은 즉각 우리에게 특정 반응으로 나타나는데, 소음에 의한 주요 심리적 문제는 수면 교란을 야기한다. 45~55데시벨의 소음은 취침과 숙면을 방해하고 55데시벨 이상의 소음은 인간이 잠을 자는 동안 자주 깨어나게 만든다. 수면 교란은 뇌에 치명적인 영향을 끼친다.

먼저 수면 교란은 계획 수립이나 의사결정에 주로 개입하는 전두엽의 활동을 저하시킨다. 불완전한 수면은 인간의 전두엽 영역이 미래를 기획할 만큼 충분히 활성화되지 않도록 만들 뿐만 아니라, 더 이상 아무것도 할 수 없는 무력감을 동반하고 새로운 과제를 시작할 수 없게 한다.

또한 수면이 부족한 상태에서 전두엽은 편도와 같은 뇌의 다른 중추 영역에서 생성한 감정적 반응을 해석하는 데 어려움을 느끼기도 한다. 자신의 감정에 적절히 대처할 수 없게 되고 결과적으로 의사결정이나 상황에 적합한 행동을 취할 수 없게 된다. 동시에 연구자들은 공감, 연민, 자애와 연결된 신경회로, 특히 후측대상피질의 활동이 감소된다는 사실도 확인했다. 요컨대 수면 교란이 뇌의 인지적, 심리적 활동에 저하를 일으키는 치명적인 결과로 이어지는 것이다.

이러한 가운데 산속의 침묵 요법은 인간의 뇌에 젊음을 선사한다. 나이가 들수록 뇌의 재생 능력은 떨어진다는 게 일반적인 사실이나, 인간에게는 일생 동안 끊임없이 새로운

자연이 우리를 행복하게 만들 수 있다면

세포를 만들어내는 영역이 있는데 이것이 성체 신경발생 adult neurogenesis이다. 앞서 3장에서 언급했듯 학습과 기억을 관장하는 해마가 성체 신경발생 영역 중 하나다. 짐작할 수 있듯 해마에 생겨난 새로운 뉴런은 인간의 기억력에 직접적으로 긍정적인 혜택을 가져온다.

독일의 과학자들은 침묵이 해마의 신경세포 생성에 주는 영향에 관심을 기울였다.[10] 2013년 발표된 연구에 따르면 연구원들은 하루에 두 시간씩 소리가 차단된 장소에 실험용 쥐를 데려다 놓았다. 실험 후 쥐의 뇌가 어떤 변화를 겪었는지 밝혀보니 결과는 놀라웠다. 대조군의 쥐와 비교하여, 침묵의 방에 놓였던 쥐들의 해마에 새로운 세포가 더 많이 발달된 것이다.

물론 2013년에 시행된 연구는 쥐의 뇌를 대상으로 진행되었지만, 생리학적 관점에서 볼 때 쥐의 뇌는 인간의 뇌와 유사하므로 인간 역시 비슷한 현상이 일어날 수 있다. 이러한 발견은 치료 목적으로 다양하게 응용될 수 있는데, 알츠하이머병과 같은 질병이 해마세포의 손상과 관련 있기 때문이다.

볼프강 파서Wolfgang Fasser는 침묵 요법의 위력을 직감했던 사람 중 하나다. 색소성 망막염이라는 유전병으로 인해 22세에 시력을 잃은 파서는 음풍경soundscape을 듣는 능력을 발달시켜 자신의 장애를 강점으로 뒤집었다. 그는 그가 살고 있는 이탈리아 토스카나 지방 카센티노의 아름다운 산과 계곡을 산책하면서 뇌 손상을 입은 아이들 중에서도 행동장애가 있는 아이들을 치료하기 위해 자연 속에서 침묵의 소리를 모았다. 음악 치료사 파서의 이야기를 담은 다큐멘터리 〈소리의 정원〉[12]을 보면 알 수 있듯 그가 아이들에게 불러온 결과는 놀라웠다.

음악과 침묵을 활용한 치료 연구는 아직 초창기 단계지만, 침묵이 뇌에 미치는 영향은 생각보다 훨씬 강력하다고 장담할 수 있다. 훗날 산의 침묵이 정신질환이나 신경질환을 치료하는 수단이 될 수 있지 않을까 기대한다.

자연이 우리를 행복하게 만들 수 있다면

12장

별을 응시하다

"헤아릴 수 없는 우주의 은하만큼이나

복잡한 뇌라는 소우주"

아름다웠던 어느 여름날 저녁을 떠올려보자. 저녁 식사를 마친 뒤 잠깐 밖으로 나와 포근한 밤공기 속에서 별을 바라본다. 눈이 어둠에 익숙해져야 하는 잠깐의 시간 동안 처음에는 아무것도 보이지 않는다. 눈에 더 많은 빛이 들어오도록 동공은 점점 확장되어 전보다 지름이 네 배 가까이 커진다.

인간의 눈이 어둠에 익숙해지는 데는 15~30분 정도 시간이 걸리는데, 이때 동공은 약한 빛을 감지하는 특수한 수용세포인 간상체杆狀體를 가동한다. 눈은 물체의 색과 모양이 정상적으로 선명하게 보이는 명소시photopic vision에서 물체를 흐릿하게 식별할 수밖에 없는 암소시scotopic vision 혹은 야간시night vision로 옮겨간다.

밤에 색깔을 거의 볼 수 없는 이유는 앞서 6장에서 알아보았듯 낮에는 세 개 유형의 추상체가 주로 일을 하기 때문에 삼색형 색각이 가능하지만, 밤에는 한 가지 유형의 간상체가 작동되기 때문이다. 유럽 전역에 널리 퍼져 있는 '밤에는 모든 고양이가 회색으로 보인다'는 속담이 여기에서 유래했다.

지상에 색깔을 볼 수 없는 밤이 찾아왔다 할지라도 우리는 천궁을 수놓은 2천여 개의 작고 반짝이는 별들을 올려다볼 수 있다. 역사가 흐르는 동안 인간은 인내심을 갖고 하늘을 우러러 별을 관찰하는 법을 배웠기 때문에 머리 위에서 화려한 발레가 펼쳐지는 이유를 천천히 습득할 수밖에 없었다.

별을 움직이는 뇌

독일의 저명한 자연과학자이자 탐험가인 알렉산더 폰 훔볼트Alexander von Humboldt는 밤하늘을 올려다보는 것을 좋아했다. 1799년 어느 날 훔볼트는 밤하늘의 별을 보다가 발견한 흥미로운 현상을 기록했다. 그는 불안정하게 움직이는 경향이 있는 몇몇 별들을 목격했는데, 별들이 진동하는 정확한 이유는 알아내지 못했다.

비교적 오랜 시간이 흐른 뒤에야 진동하는 별은 인간의 시각적인 착각이었다는 사실이 밝혀졌다. 즉 별이 실제로 움직이는 현상이 아니라, 별의 바라보는 사람의 뇌가 별이 움직인다고 착각하는 것이었다. 이처럼 인간이 사물의 움직임을 지각할 때 오류를 범하는 이유는 안구의 무의지적인 움직임 때문이다.[1]

실제로 검은 벽면에 움직이지 않는 광원을 쏠 때도 비슷한 진동 현상이 발견된다. 광점이 마치 혼자서 움직이는 것처럼 보인다.

아래의 그림으로 시선을 옮겨 한번 실험해 보자. 어두운 배경 안에 정지해 있는 작은 점을 응시하면 어느새 점이 움직이는 착각이 드는데, 이것이 바로 '자동운동효과autokinetic effect'다. 6장에서 색깔에 대해 이야기할 때 강조했듯, 뇌는 가끔 자신이 만들어낸 내면의 구조물과 외부에서 들어오는 피사체를 혼동한다.

중앙의 흰색 점을 30초 동안 바라보면 어느새 점이 움직이는 현상을 목격할 수 있다. 우리가 밤하늘의 별을 볼 때도 마찬가지로 작동하는 자동운동효과다.

예를 들어 별을 관찰할 때, 눈에서 발생하는 예기치 않은 느릿한 변화 때문에 별의 이미지가 망막에서 움직이게 되고 시각 정보를 처리하는 시각피질visual cortex은 이 현상을 안구의 운동이 아니라 관찰 중인 사물이 움직이는 것으로 착각한다. 별의 위치를 규정할 수 있는 공간적 준거점이 없기 때문에 뇌가 해석할 때 오류를 범하는 것이다. 광점의 밝기가 약하면 약할수록 시각 오류는 강력해진다.

더욱 놀라운 것은 1935년 심리학자 무자퍼 셰리프Muzafer Sherif[2]가 증명했듯 자동운동효과는 암시에 의해 증폭된다. 누군가가 광점이 움직인다고 강력하게 주장하면 주변인도 광점이 움직인다고 쉽게 수긍한다. 별을 객관적으로 응시한다는 것은 생각보다 간단한 일이 아니다.

어질어질한 대면

오래전부터 인류는 별을 관찰하면서 경탄했지만, 우주가 얼마나 거대한지 과학적으로 하나씩 증명하고 있는 현대 사람들의 경탄은 그 어느 때보다도 현실적이다. 인간에게는 별과 지구 사이의 거리를 측정할 수 있는 수단이 오랫동안 부재했다. 별이 저 멀리 있다는 사실은 인식하고 있었지만 정확히 얼마나 멀리 있는지는 알 수 없었다. 이는 자연에 대해 이미 모든 사실

자연이 우리를 행복하게 만들 수 있다면

을 파악했다고 생각하거나 세상의 중심이 인간라고 믿었던 옛 사람들을 무척 당황스럽게 만드는 부분이었다.

다른 별과 지구 사이의 거리가 언제 처음으로 측정되었는지 알고 있는가? 독일 천문학자 프리드리히 빌헬름 베셀Friedrich Wilhelm Bessel이 1838년에 최초로 측정했다. 당시 쾨니히스베르크 국립천문대를 이끌고 있었던 베셀은 백조자리를 이루는 별 하나를 관찰하기로 마음먹었다. 그는 정교한 계산을 통해 지구로부터 이 별까지 거리가 10.4광년, 약 100조킬로미터 떨어져 있다고 측정했는데, 최근 관측 장비의 계산에 따르면 11.2광년으로 측정되기 때문에 약 200년 전 베셀의 계산이 꽤 정확한 수치임을 알 수 있다.

나아가 우주 전체의 크기를 알고 있는가? 천체물리학자들은 지구에서 가장 멀리 떨어져 있는 별의 위치를 파악하기 위해 별이 방출하는 빛의 적색편이red shift를 측정하는 방법을 사용한다. 적색편이란 관찰자로부터 별이 멀어질수록 천체의 광원이 내는 빛의 스펙트럼이 파장이 긴 쪽으로 치우쳐 나타나는 현상을 말한다. 천체가 내는 빛의 파장이 본래 파장보다 늘어나 천체 스펙트럼이 붉은색 쪽으로 치우쳐서 나타나기 때문에 적색편이라는 이름이 붙었다. 이 방법을 통해 인간이 측정할 수 있는 가장 멀리 떨어진 천체까지의 거리가 약 456억광년이라는 사실을 알게 되었다.

하지만 우주론적 지평선이라고 부르는 저 거리 너머에도 별은 존재할 수 있다. 만약 그렇다면 우주론적 지평선 너머에 있는 별빛은 지구에 닿을 시간이 없었던 것이고, 이는 해당 별의 존재를 탐지하는 행위가 인간의 영역 밖임을 의미한다. 무한을 연구하는 데 있어 과학은 여전히 거대한 문제에 직면해 있다. 과학은 우주를 측정 가능하고 지각 가능한 넓이로 파악할 수 없다. 인간의 감각이나 측정 도구로 상상 불가능한 거리를 정확하게 잴 수 없기 때문에 무한은 여전히 인간의 지식으로는 뚫고 들어갈 수 없는 영역으로 남아 있다.

누군가에게는 인간의 유한성과 무지가 불안과 현기증으로 다가오기도 한다. 프랑스 유명한 수학자이자 철학자였던 블레즈 파스칼Blaise Pascal은 저서 《팡세》에 수록된 '비참'에서 "이 무한한 공간의 끝없는 침묵은 나를 불안하게 한다"라고 털어놓았다. 파스칼 한참 이전에도 거시적인 우주를 바라볼 때 느끼는 불안감을 표현한 사상가들이 있었는데, 특히 《고백록》으로 유명한 4세기 성직자 성 아우구스티누스Sanctus Aurelius Augustinus는 다음과 같이 고백했다.

"눈을 들어 하늘을 보면 두려움이 엄습한다. (…) 지구 전체를 보고 전율한다."

우주는 인간에게 여전히 불가사의한 영역이며, 마치 우리가 제한된 공간에 들어갔을 때 느끼는 숨이 막힐 듯한 공포를 주

자연이 우리를 행복하게 만들 수 있다면

기도 한다.

비극적인 사실은 우주에 비해 인간은 티끌 같은 존재일 뿐만 아니라, 우주는 이상하리만치 인간의 존재에 무관심하다는 점이다. 아니, 우주는 인간의 존재조차 알지 못할 수도 있다. 이미 4세기 전부터 인간은 자신을 하나의 우발적 결과물, 즉 우주에서 길을 잃고 평범한 은하계 변방의 시시한 별에서 방황하는 우주의 노숙자라고 여겼고, 이는 인간의 존재론적 공포로 다가왔다. 가톨릭 예수회 신부이자 사상가였던 피에르 테이야르 드 샤르댕Pierre Theillard de Chardin이 그 혼란을 적절하게 묘사했다.

"내가 이 뛰어난 세상에 현존한다는 것은 결코 일어날 법하지 않은 일이고, 사실 같지 않은 놀라운 일이다. 바로 이 사실이 내게 아찔함을 느끼게 한다."[3]

하지만 존재의 우연성에 대한 인간의 인식은 별을 관찰하는 행위에서 얻는 일부분의 경험일 뿐이라고 말할 수 있다. 천체물리학자 장 피에르 뤼미네Jean-Pierre Luminet는 자신의 블로그[4]에 16세기 이탈리아 도미니코회 수도자이자 철학자였던 조르다노 브루노Giordano Bruno가 몰두했던 천체 연구 방식에 대해 언급했다.

브루노는 굴절 망원경과 같은 첨단 장치도 없이 세상에서 가장 아름다운 도구인 인간의 영혼으로 우주를 관찰했다. 그리고 자신의 상상력을 통하여 우주는 거대할 뿐만 아니라 높은 곳도, 낮은 곳도, 중심도, 가장자리도 없음을 깨달았다. 브루노는 천체를 바라보며 경계 없는 '무한'을 경험한 것이다. 그는 저서 《무한자와 우주와 세계》에서 다음과 같이 확신했다.

"사물의 무한함을 방해하고 멈추게 하는 장애와 한계, 기한, 끝은 없다. 이 풍부함 덕분에 땅과 바다가 비옥하고 태양의 빛이 영속할 수 있다. (…) 새로운 물질의 풍부함이 무한대에 의해 끊임없이 생성되기 때문이다."

브루노가 말하는 무한대는 우주의 팽창을 빗대기도 하지만, 일반적인 견지에서 자연의 창조적 위력을 의미한다고도 볼 수 있다. 비상한 직감이 아닐 수 없다.

그러나 16세기 당시 브루노의 견해는 사람들에게 청천벽력과도 같았다. 브루노는 16년 동안 유럽 전역을 다니면서 우주는 유한하지 않으며, 복수의 우주가 공존하고 있다는 발상을 열정적으로 퍼트렸다. 브루노는 인간이 갖고 있는 우주에 대한 꿈을 건드리며 훗날 과학적 혁명을 일으켰지만, 그의 대담함으로 죽음을 앞당기기도 했다. 우주의 복수성이라는 발상은 당시 지배적이던 기독교 교리에 대한 신성 모독이었기 때문이다. 우주의 무한함을 상상한 죄로 조르다노 브루노는 1600년 2월 17일 이탈리아 로마의 캄포 데이 피오리Campo dei fiori에서 화형 당했다.

자연이 우리를 행복하게 만들 수 있다면

머릿속 은하계, 뇌라는 소우주

16세기 복수의 우주를 알아차렸던 조르다노 브루노가 놓쳤던 한 가지 사실이 있다. 인간 역시 내면에 무한한 우주를 품고 있다는 점이다. 헤아릴 수 없는 우주의 은하만큼이나 복잡한 뇌라는 소우주. 뇌에는 적어도 중추신경계의 조직을 지지하는 신경아교세포의 네 배에 해당하는 1천만 개의 뉴런이 있고, 이 뉴런은 수백만 킬로미터의 축삭과 1조 개의 시냅스로 연결되어 있다. 믿기지 않을 정도로 정교하고 미세한 생물학적인 우주이다.

우주와 인간의 뇌 사이에는 무한할 만큼 거대하고 복잡하다는 관련성이 있다. 최근 두 명의 이탈리아 연구자가 인간의 신경 회로망의 형상과 관측 가능한 은하계 형상 사이에서 몇 가지 유사점을 밝혀냈다.[5] 두 조직망의 크기는 10의 27승이 차이 나며 각각을 지배하는 물리 법칙에서조차 큰 차이점을 보이지만, 몇 가지 경이로운 특성을 공유하고 있다.

첫 번째는 구성 요소의 숫자다. 앞서 강조했듯 인간의 뇌에는 1천억 개의 뉴런이 있는데, 우주에는 그만큼의 은하계가 분포한다.

두 번째, 연결 분포로 보았을 때도 유사성이 발견된다. 뇌의 뉴런과 우주의 은하계는 가늘고 긴 섬유와 결절로 연결되면서

우주의 은하계

확대한 뇌의 뉴런 분포

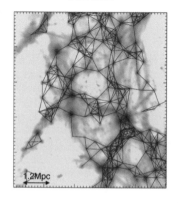
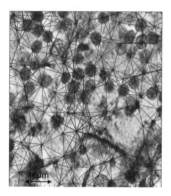

왼쪽은 은하계를 멀리서 관찰한 것이고, 오른쪽은 뇌의 뉴런 분포다. 두 이미지는 연결 분포의 유사성을 보여준다.

복잡한 망을 형성한다. 이러한 구조로부터 뉴런이나 은하계에서는 인접한 요소들 사이 여러 개의 지역적인 연결이 드러난다. 멀리 떨어져 있는 요소들을 분리하는 다발도 발견된다.

이처럼 과학자들이 보았을 때 뇌와 우주의 구조적 유사성은 단순히 우연의 일치로만 치부할 수 없다. 실제로 두 시스템의 비교는 특정 동일한 절차가 뇌와 우주의 구조를 조직했을 수 있음을 시사한다.

쉽게 말하자면 뇌의 신경망과 우주 조직망에 나타나는 조직 형태는 물리학자들이 일컫는 '작은 세상small world' 모티프를 닮았다.[6] 이는 정보 전달에 높은 효율성을 보이는 불안정한 조직과 매듭 혹은 허브의 형태로 높은 연결 밀도를 보이는 국지

자연이 우리를 행복하게 만들 수 있다면

적 조직의 중간 상태인 네트워크 구조다. 연구에 따르면 이러한 조직 형태는 자연에서 복잡한 조직망을 갖춘 다수에게서도 보편적으로 나타난다.[7] 그러나 우주가 뇌라고 주장하진 않을 테니 안심하라.

위에서 살펴본 뇌와 우주 사이의 과학적인 증명이 신비롭도록 놀라운 건 사실이다. 복잡한 시스템들의 조직에 동일한 법칙이 작동하고 있음을 암시하기 때문이다. 이러한 신비로운 우연은 프랑스가 사랑하는 저술가 위베르 리브스Hubert Reevs와 같은 형이상학 천체물리학자들에게도 논거를 제공해 준다. 그들의 사상은 다음과 같다.

"우리가 우주 안에 있다면, 우주도 우리 안에 있다."[8]

실제로 탄소, 질소, 인, 산소 등 인간의 분자를 구성하는 원자의 대부분은 별의 중심에서 일어난 핵융합에 의해 형성되었다가 별이 죽으면서 우주에 흩어졌다. 인간은 말 그대로 별의 먼지로 창조되었다. 융합과 폭발을 통해 우주에 생성된 별의 파편은 뭉쳐져 지구상의 물질이 되었고, 생명체의 기본 구성 요소를 형성하는 데 유용하게 활용되었다. 뇌를 별들의 역사 집합소라고 부를 수 없는 이유가 있을까? 뇌는 탄생의 기원이 되는 별의 흔적을 고스란히 간직할 수밖에 없을 것이다.

때때로 뇌는 별이 촘촘히 박힌 하늘을 우러러 보면서 우주의 역학과 자신의 유사성에 대한 거울 효과를 체험하는 건 아닐까? 피에르 테이야르 드 샤르댕이 남긴 아름다운 문장 하나가 울림을 준다.

"나 자신보다 더 위대하고, 더 필요로 하는 무언가를 내 안에 품고 있음을 깨닫는다. 그건 나의 존재 이전부터 존재했고, 나의 죽음 이후에도 영원히 존재할 무언가다. 내가 살고 있지만 소진되지 않는 무언가다. 누리고 있지만 주인은 될 수 없는 무언가다."

우주를 향해 나 있는 커다란 창문을 열면, 우리의 근본을 흔드는 질문이 마음에 수없이 생겨나겠지만 그만큼 커다란 기쁨도 얻을 수 있다. 이것이 수세기 전 조르다노 브루노가 깨달았던 통찰이며, 일몰 이후 누구나 경험할 수 있는 평등이다. 인간의 뇌는 태양의 빛도 필요로 하지만, 별이 촘촘하게 박힌 밤의 어둠으로부터 자양분을 얻을 수 있다. 지금 창문으로 걸어가 우주와 연결되어 보라. 어둠 속에 펼쳐진 무한을 응시하고 밤의 숨결을 느끼면서 우리가 우주로부터 부여받은 '여기에 있다'는 소중한 선물을 기억하자.

자연이 우리를 행복하게 만들 수 있다면

자신으로부터 걸어 나오라

"과학적 지식 이전에,

자연은 개개인이 겪는 일인칭 경험이다."

자연보호의 필요성과 자연이 인간에 미치는 영향에 대한 현대인의 관심은 커지고 있다. 특히 코로나19가 세계를 휩쓴 이후에는 더욱 그렇다. 프랑스 국립자연사박물관 교수 필리프 클레르고Philipe Clergeau가 지적했듯 코로나19로 인한 격리는 '우리 존재의 친밀성, 그리고 본능적 필요에 의한 자연에 대한 열망'을 깊이 드러냈다.[1] 많은 사람에게 널리 공유하고 싶을 만큼 탁월한 통찰이다.

　인간과 자연의 관계에 대한 관심이 뜨거운 반면, 이 분야에 대한 연구는 정작 1980년 초반에서야 시작되었다. 자연에 대한 긍정적인 인식을 합리화하는 일은 자연이 인간에게 혜택을 준다고 단언하거나 과학적으로 증명하는 것보다 훨씬 더 어렵다.

　나는 이 책을 통해 현행 연구들을 바탕으로 인간이 자연과 접촉할 때 뇌에서 가동되는 원리들을 과학적으로 밝혀내고자 했다. 과학을 통해 밝힐 수 있는 결과는 다음과 같다. 인간이 녹지에서 짤막한 휴식의 시간을 갖기만 한다면 신체적으로나 심리적으로 행복을 만드는 특정 뇌 회로는 자극을 받을 것이다. 단지 몇 초나 몇 분이라 할지라도 자연이 주는 효과를 느끼기에 충분하다.

두 갈래의 이론, 하나의 경험

인간이 자연을 마주할 때, 수많은 감정에 휩싸이는 이유는 무엇인가? 이를 설명하는 두 가지 이론이 있다. 첫 번째는 에드워드 윌슨이 제안한 '바이오필리아 이론'이다. 바이오필리아 이론은 인간의 뇌가 수백만 년 동안 자연과 조화를 이루며 진화했다고 가정한다. 인간이 오랫동안 생존에 도움이 된 존재들에게 고맙게 여기는 방법을 배웠기 때문에 자연을 사랑하는 자연스러운 감정이 피어난다고 믿는다. 이러한 인간의 유산은 물의 존재, 소음의 부재, 활짝 트인 공간을 이용할 수 있는 가능성, 밤과 낮의 교차 등 인류의 조상이 살던 태곳적 환경과 유사한 환경적 요소들이 지금까지 현대인에게 지속적으로 영향을 미치는 이유를 해명한다.

예를 들어 동물원에 갓 들여온 동물을 떠올려보라. 그들이 동물원에서 살 수 있게 만드려면 원래 있었던 장소와 가장 가까운 자연환경을 조성해 주어야 한다. 인간도 마찬가지다. 인간의 뇌는 진화를 거듭하면서 자연 요소를 순식간에, 본능적으로, 무의식적으로 식별할 수 있는 특수한 회로를 발달시켰다. 그렇기 때문에 인간은 주변에 자연이 있어야 살아갈 수 있는 존재다.

또 하나의 설득력 있는 이론을 소개한다. 인간이 자연에 주의를 기울이는 독특한 방식 덕분에 우리는 자연으로부터 아낌없는 혜택을 받는다는 '주의 회복 이론Attention Restoration Theory, ART'이다. 이 이론은 심리학자 부부인 레이철 케플런과 스테판 케플런Stephen Kaplan이 발전시켰다.[2]

주의 회복 이론에 따르면 자연은 감각할 수 있는 갖가지 요소를 제공함으로써 인간에게 끊임없이 환경에 주의를 기울여 보라고 권한다. 인간이 자연에 주의를 기울이면 어두운 생각을 반복하는 행위를 멈출 수 있게 된다.

나뭇가지의 느린 움직임, 흐르는 물, 바람의 속삭임을 예로 들어보자. 당신이 특별한 노력을 들이지 않아도 자연에서는 일련의 과정이 시작된다. 의식하지 못하는 사이, 당신을 부드럽게 끌어당기는 힘 덕분에 정신적 인지 활동은 잠시 휴식을 취할 수 있고 결과적으로 집중력이나 생각하는 능력이 회복된다. 단순히 자연을 보는 행위만으로도 인간의 마음은 진정되고, 심박은 낮아지고, 인지적 반추는 중단되고, 면역력이 강해지고, 주의력은 날카로워진다.

그러나 두 가지 이론이 설득력 있음에도 불구하고 인간이 자연 앞에서 특별한 감정을 느끼는 이유를 완전히 설명해 주지는 못한다. 자연 친화가 선천적인 것인가 후천적인 것인가 하는 철학적 논쟁을 벌일 것 없이, 어느 설명이 유효한지 판단하기 어렵다. 또한 각각의 이론이 갖는 타당성에도 불구하고, 객관성을 중시하는 과학적인 관점에서 보았을 때 두 갈래의 이론은 모두 부분적인 차원에서 머무는 설명이라고 할 수 있다.

환경 위기에 대한 인간의 피동적인 자세에 의문을 제기한 프랑스 철학자 신시아 플뢰리Cynthia Fleury와 생태학자 안 카롤린 프레보Anne-Caroline Prévot의 고찰을 공유하고자 한다.

"아는 수준에 머무는 것은 명백히 부족하다. 알고 있는 것을 겪어보아야 한다. 그것이 경험이다."[3]

외부에서 측정 가능하고 관찰 가능한 원리를 철저하게 분석하는 지적인 접근 방식은 자연과 인간 사이의 심오한 관계를 완벽하게 해석해내기에 충분하지 않다. 물, 바람, 숲, 별, 흙, 동물, 식물, 색깔 등 자연이 제공하는 다채롭고 감각적인 환경을 직접 감각하고 몰입함으로써 스스로 실험 대상이 되어야 한다. 과학적 지식 이전에, 자연은 개개인이 겪는 일인칭 경험이다.

내적 결합의 결실

우리는 자연이 그저 눈앞에 펼쳐진 정경이 아니라는 사실을 잊어버리는 경향이 있다. 자연은 인간이 수동적으로 목격하는 단순한 배경이 아니다. 즉 인간을 객체에서 분리된 주체라고 생각하는 건 실수다. 많은 사람이 한쪽에 인간의 몸과 정신, 감정, 지식을 두고 반대쪽에는 살고 있는 환경과 인간이 살지 않는 중립적인 공간이 있다고 생각하지만 이는 사실이 아니다. 과학도 이 생각은 만장일치로 부정한다.

개인과 환경은 내부와 외부 혹은 자아와 비자아non-self처럼 이원론으로 구별되지 않는다. 10장에서 살펴보았던 장내 미생물이 좋은 예시가 될 수 있다. 인간은 체내와 체외에 동시에 존재하는 수십 억의 미생물과 공생한다. 이처럼 인간은 인체를 점령하기도 하고 일부분을 이루기도 하는 생태계에 둘러싸여 있다고 볼 수 있는데, 인간과 자연의 미묘한 관계성을 무시하고 자아와 비자아처럼 분리하려고 시도하면 존재의 타당성을 잃어버리게 된다. 최근 관점에서 보았을 때 생명은 인체라는 경계를 넘어 생물학적 연속성의 결실이다.

극단적으로 말해보면 아무리 인공적으로 구축한 도시 안에 살고 있다 할지라도 인간은 자연과 완전히 단절된 적이 없다. 인간은 진화의 시간만큼이나 긴 공생의 역사를 간직했다. 이

오래된 시간은 인간의 수면, 식욕, 각성, 기분을 관장해왔고 이는 유전자에 내재해 있는 생체시계를 통해 드러난다. 그렇기 때문에 물, 식물, 동물, 별과 같은 자연의 일부를 보기만 해도 인간은 존재 가장 깊은 영역에서 맥동하고 떨리는 감정을 느낄 수 있다. 그것이 바로 친숙한 자연이 인간의 유전자에 새겨진 증거다. 자연은 단순히 인간 밖에만 존재해 있지 않고 생리학적 유산을 통해 인간 내부에도 존재한다.

완전히 내맡겨라

자연 몰입은 지적인 경험이 아니라 전적으로 육체적인 경험이다. 지각하거나 감정을 표현하는 것은 첫걸음에 지나지 않는다. 이것만으로 무의식적으로 자연에 연결되기엔 부족하다. 표면적인 자연 관찰은 자연과의 접촉을 통해 자극을 추구하려는 일부 사람들에게 착각을 주는 속임수로 작동할 수도 있다. 이러한 자연주의적 행동의 저변에는 쾌락주의가 깔려 있고, 그들의 만족도는 피상적일 가능성이 높다.

대단하게 눈길을 끄는 행위보다는 오히려 자연에 귀를 기울이는 짧은 순간이 오랫동안 흔적으로 남는다. 나에게 맞는 작고 소중한 순간을 찾아보자. 소란스러운 도로로부터 떨어져 있는 나무 몇 그루, 공원, 정원의 꽃과 식물 등은 도시 안에 홀로

자연이 우리를 행복하게 만들 수 있다면

동떨어진 작은 침묵의 섬이다. 자연의 고요함을 음미하고 나를 되찾을 수 있는 하나의 작은 내륙국이다. 강조하고 싶은 말은 자연이 자연에 열정적인 소수에게만 할애된 독점적인 대상이거나 이국에서만 느낄 수 있는 현실 속의 특권이 아니라는 점이다. 녹지를 보기만 해도, 여유롭게 숲을 거닐기만 해도, 자연이 주는 혜택을 누릴 수 있다.

그러나 자연을 만끽하는 행동의 단순함과는 반대로 우리는 자연을 경청하는 방법, 자연이 우리에게 다가오도록 내버려두는 방법, 자연의 다양한 감각이 우리를 침범하도록 내버려두는 방법을 배워야 한다. 화가들은 이러한 총체적인 다감각적 경험을 잘 알고 있었다. 앞서 6장에서 볼 수 있었듯 화가들은 캔버스에 사물이 스스로 나타나도록 내버려두려고 시도했다.

사물이 구체화되는 장소가 바로 인간의 뇌다. 앞서 색깔을 통해 알아보았듯 우리가 자연이라고 지각하는 대상은 자연 그 자체가 아니다. 그렇게 믿는 경향이 있지만 우리가 자연이라고 지각한 대상은 자연과의 만남으로 생성된 결과물이다.

그렇다면 우리는 진정 자연과 만나는 방법을 알고 있을까? 우리가 숲과 같은 자연에 노출되어 있을 때 지각하거나 느끼는 인식 대부분은 주의를 기울이지 않으면 우리에게서 빠져나가기 쉽기 때문에 본연의 자연을 만나고 듣는 방법을 다시 배울 필요가 있다. 이는 자연을 관찰하는 데 만족하는 대신 더욱 수용적인 방식을 의식적으로 취하는 방법이다. 색깔과 형태, 움직임, 소리가 자연스럽게 우리에게 흘러오도록 경치에서 풍겨 나오는 분위기가 향수나 음악처럼 감싸도록 그대로 내버려두어야 한다. 자연을 단순히 관찰하거나 지각하는 것이 아니라 감각으로 느끼고 맛보는 것이다.

이때 자연은 자아와 함께 어우러지는 공간에서 공명하듯 울려 퍼진다. 추상적으로 들리겠지만 철학자의 이론이나 신비스런 통찰에 의한 가설이 아니다. 이는 생물학자 프란치스코 바레라Francisco Varela가 발전시킨 과학적인 접근 방식이다.[4] 바레라에 따르면 인간의 사고는 무한으로 펼쳐진다. 뇌는 스스로 정주하는 공간에 한정되지 않고 주변의 환경까지 포괄하여 기능한다는 점에서 생리학적 경계를 뛰어넘는다고 할 수 있다.

인간이라는 존재는 고립된 상태로 이 세상에 출현하지 않았다. 신체적 경계가 열려 있는 한 인간은 상호작용을 통해 뇌와 몸, 환경을 연결하는 복잡한 교환으로 구성된다. 이러한 맥락에서 자연과 인간의 관계성을 이해해야 한다. 프랑스 철학자 클레르 프티맹쟁Claire Petitmengin이 옹호했던 주장이기도 하다.

"문제는 상호 관계를 인정하고, 연결을 복구하고, 서로 분리된 것으로 인식하고 있는 인간과 자연의 관계를 회복하거나 구축하는 것이 아니라, 경험의 한복판에서 인간과 자연의 일체성을 구현하는 것이다."[5]

자연이 우리를 행복하게 만들 수 있다면

자연의 흔적이 사라진다면

심각한 기후변화로 인해 인간과 비인간의 경계를 재고하게 된 오늘날 자연에 대한 경험은 그 어느 때보다도 시사적이다. 여기까지 오면서 비로소 우리는 주요 쟁점에 가까워졌다. 나는 인간이 생물권을 보존하려고 노력하는 행동이 자연을 제대로 경험하는 능력과 긴밀하게 연결되어 있다고 생각한다.

생태학자들이 환경오염과 자원의 과도한 개발, 동물 서식지 파괴로 인해 수많은 식물과 동물의 대량 멸종을 경고한 데에는 전부 이유가 있다. 2100년이 도래하기 전에 지구상 생물종의 절반이 멸종할 것이라고 추정하는 이들도 있다.[6] 그러나 멸종이 유일한 문제는 아니다. 우리는 실질적으로 존재를 위협받고 있는 동식물에만 신경 쓰느라 그만큼 끔찍한 결과를 가져올 수 있는 또 다른 형태의 손실을 등한시한다. 바로 자연 경험의 손실이다.

삶에서 '자연의 미세한 흔적'[7]만 갖고 살아가는 사람들이 점차 늘고 있다. 그렇게 줄어드는 자연의 흔적만 좇다가 자연 경험이 사라지면 자연과의 관계를 일깨우는 인간의 선천적 능력은 서서히 닳아 없어진다. 미국 작가 로버트 파일Robert Michael Pyle을 비롯한 다수 작가들은 이러한 마멸을 '자연 경험의 멸종'[8] 혹은 '자연 결핍'[9]이라고 표현했다.

인간이 처한 상황은 생각보다 훨씬 절박하다. 산업혁명 이후 인간은 지구상의 생명체로부터 점차 멀어졌다. 시간은 태양의 움직임보다도 대중교통 시간표나 스마트폰 알람 소리로 조절된다. 게다가 자연과의 내밀한 접촉을 저 멀리 밀어내 버리는 인터넷과 새로운 디지털 기술의 도래로 상황은 더욱 악화되고 있다. 과도하게 인공적으로 변모하고 있는 인간의 터전에서 숲과 들판은 사라지며 우리는 인공적으로 구축한 도심의 원 안에서 살아간다. 다양한 동식물과의 만남은 갈수록 뜸해지고 있다. 지금 당장 우리에게 필요한 것은 점차 감소하다 결국 완전히 사라지게 될 자연 경험이다.

직장에 조성된 정원

장기적으로 보았을 때 자연과의 단절은 인간의 생리와 심리에 불균형을 초래한다. 도심 속 인간은 주의력을 끊임없이 요구하는 포화된 환경에 노출된 채 살아간다. 특히 우리가 직장에서 근무할 때 환경은 더욱 좋지 않다. 지나치게 높은 소음, 생체리듬을 무시한 시간, 성과에 대한 압박, 낮과 밤이 구별되지 않는 과도한 집중으로 인해 뇌는 지쳐만 간다.

미국 캘리포니아대학교 어바인캠퍼스 교수인 글로리아 마크 Gloria Mark[10]의 연구 결과는 도시 속 가혹한 업무 환경을 대변한다. 그의 연구에 따르면 개방된 공간에서 일하는 직장인은 평균적으로 11분마다 한 작업에서 다른 작업으로 넘어가고, 60퍼센트의 경우 업무 중단을 경험한다. 한번 방해를 받으면 본래 하던 일로 다시 돌아가기까지 약 25분의 시간이 소요된다.[11] 직장에 조성된 환경 속에서 우리는 하던 일의 맥락을 쉽게 잃어버린다고 할 수 있다.

방해를 받은 결과는 인지 과부화cognitive overload로 나타난다. 과도한 정보량으로 뇌는 헐떡거리다가 지쳐서 기진맥진한다. 뇌가 피로에 노출되면 인간은 어쩔 수 없이 불쾌한 스트레스 상태에 놓이기 마련이다. 2011년 프랑스 기업의 사회적 책임 연구소Orse에서 발표한 자료에 따르면 실제로 회사 중역의 70퍼센트가 스트레스로부터 고통받고 있다고 한다.

이 상황에서 자연과의 접촉은 직장인들에게 효율적인 해결책이 되어준다. 직장에 조성된 작은 녹지는 업무의 집중력을 높여주며,[12] 바깥의 녹지를 볼 수 있는 유리창이 트인 공간에서는 단 몇 초라도 정신적으로 해방될 수 있다. 시각을 통한 잠깐의 휴식은 직원들의 행복감, 성과, 동기를 향상시킨다. 나아가 유리창을 통해 풍부하게 유입되는 자연광이 인간의 기분과 건강에 미치는 영향은 앞서 확인한 바 있다.

사무실에 식물을 놓는 것만으로도 긍정적인 효과를 볼 수 있다는 연구 결과도 밝혀졌다. 이와 관련하여 2015년 도심 속 자연 친화적인 개발의 영향에 대한 보고서 〈휴먼 스페이스Human Space〉가 발표되었다.[13] 열여섯 개 나라의 직장인 7,600명을 대상으로 한 이 대규모 연구에서는 물리적 작업 환경이 개인의 행복에 미치는 영향을 조사했는데 결과는 분명했다. 자연 친화적인 환경에서 일하는 직장인들은 행복지수가 15퍼센트 더 높고 6퍼센트 더 생산적이며 전반적으로 15퍼센트 더 창의적이었다고 보고했다.

프로젝트 보고서를 바탕으로 직장인들이 식물을 배치한 사무실에서 일할 때 스트레스를 덜 느끼고 더욱 생산적이라는 결과를 도출할 수 있었다. 실내 식물도 물론 좋지만, 놀랍게도 살아 있는 식물이 아니라 자연을 담은 사진만으로도 유익한 효과를 얻을 수 있다.

도심 속 자연 친화적인 공간이 각광받자 전에 없던 '신경건축학neuroarchitecture'이라는 새로운 학문이 탄생하기도 했다. 신경건축학은 거주자들의 기분을 최우선으로 생각하여 뇌의 기능에 초점을 맞춰 공간과 건물을 구상하는 목적을 지닌다. 신경건축학에서는 건축물을 세우는 데 필수적인 부지뿐만 아니라 창에서 들어오는 빛, 벽의 각도, 색채, 질감, 개방 공간, 소리까지 전부 고려한다. 인공적인 건축물 안에서 자연이 주는 편안함을 최대한 누릴 수 있도록 인간의 바이오필리아를 참고하는 학문이다.

자연이 우리를 행복하게 만들 수 있다면

학교에 조성된 정원

자연과의 친밀한 관계 형성은 아이들의 건강한 신체와 정신을 만드는 데에도 필수적이다. 도심 속 일터와 마찬가지로 현재 학교 환경 역시 자연의 부재로 인한 문제가 심각하다. 2003년 프랑스국립보건의학연구소 연구 지표를 통해 알 수 있듯, 프랑스에서만 약 12퍼센트의 아이가 정신적 고통을 호소하고 있다.[14]

아이들의 바이오필리아는 어떻게 깨울 수 있을까? 첫 번째, 양육자는 아이가 어렸을 때부터 정기적으로 자연에 접할 수 있는 기회를 되도록 많이 마련해 주어야 한다. 자연에 직접적으로 접촉함으로써 형성되는 자연과의 일체감은 대부분 유년기에 형성되기 때문이다. 어렸을 때 자연과 맺은 정서적 유대감은 어른이 되어서 맺는 주변 환경의 관계까지도 영향을 미칠 만큼 결정적이다. 그러나 안타깝게도 세대가 지날수록 아이가 자연에 접할 수 있는 기회는 줄어드는 실정이다.

두 번째, 아이의 주된 교육을 도맡는 학교 역시 책임이 있다. 학교는 되도록 어린 연령의 아이들이 정기적으로 자연과의 관계를 개발하고 유지할 수 있도록 조치를 취해야 한다. 학교에서 실시하는 야외 활동은 아이의 공격성이나 흥분을 크게 줄여주는 등 주된 행동 형성에 이로운 영향을 미친다. 또한 교수법에 통합된 야외 활동이 아이의 운동성을 향상시키고[15] 제한적이기는 하지만 학업 성적도 향상시킬 수 있다는 사실이 연구를 통해 증명되었다.[16]

반복해서 말하지만 어른들의 직장과 마찬가지로 건물 내에서 단순히 녹지를 바라보는 것만으로 자연의 유익한 효과를 누릴 수 있다. 학교를 건축할 때 교실, 휴게 공간, 식당에서 바깥의 자연이 잘 보이도록 설계해야 한다. 자연 친화적인 환경에서 아이들의 인지적 피로감은 줄어들고 배움의 효율성을 높이는 '미시적 회복 경험'을 맛볼 수 있다.

물론 아이들의 정신 건강만을 고려하여 시행하기에는 단순하고 쉬운 작업은 아니다. 그럴수록 어른들의 노력이 필요하다. 이런 과정을 건너뛰고서는 아이들의 정신발달은 물론 지적 향상 및 감정적 발달을 기대하긴 어렵다.

치유하는 정원

자연이 인간과 맺는 관계로부터 빚어지는 효과는 치료로도 활용될 수 있을 정도다. 앞서 설명한 다양한 연구 결과를 바탕으로 주장해 본다면, 의료시설이 자연에 접근하면 할수록 병으로 고통받는 환자들에게 이로움을 줄 수 있다.

병실 안의 식물이나 꽃은 감염의 가능성으로 우려된다면 야외에 조성한 정원은 어떨까? 이것이 치유 정원의 시발점이다. 치료 정원의 기원은 제2차 세계대전으로 거슬러 올라간다. 전쟁터에서 심각한 부상을 입고 돌아온 병사들의 회복과 적응을 위하여 미국과 영국에서 고안되었다. 당시 치유 정원은 큰 성공을 거두었고 지금까지도 북유럽 국가, 영국, 네덜란드, 일본과 한국 같은 몇몇 국가에 남아 있다. 프랑스에서 치유 정원의 존재는 비교적 두드러지지는 않지만 고령자를 위한 요양 시설 에파드와 병원 안에서 치유 정원의 흔적을 찾아볼 수 있다.

2010년 테레즈 종보Thérèse Rivasseau Jonveaux 박사의 감독 하에 프랑스 낭시 대학병원에 설치된 정원이 좋은 예시다. 이곳

프랑스 낭시 대학병원의 치유 정원은 도시 한가운데 조성되어 있다. 프로젝트를 이끌었던 감독은 이 정원이 특히 알츠하이머병에 걸린 환자들에게 행복을 가져다 줄 것이라고 확신했다.

은 신경변성 질환을 앓고 있는 환자들에게 푸른 오아시스와 같은 공간이다. 치유 정원을 걷게 함으로써 환자들은 공간 및 시간을 탐지하는 능력이 향상되거나 감각과 인지 기능을 부드럽게 자극하는 효과를 보았다. 낭시 대학병원의 치유 정원은 정원이 환자에게 실제로 미치는 혜택을 과학적으로 증명하기 위한 연구 장소로 쓰일 뿐만 아니라 또 다른 연구를 확증하는 장소로 오늘날 톡톡히 기능하고 있다.[17]

자연 함유량에 따라 달라진다

지금까지 살펴본 연구들은 오직 '바깥' 혹은 인간 외적인 '다른 어떤 것'들의 강력한 힘만이 사무실, 학교, 병원 같은 인공 건축물과 인간을 기진맥진하게 만드는 현대 피로 사회에서 부정적인 영향력을 줄여준다고 증명하고 있다. 자연과의 재결합은 도시인들의 뇌가 스스로 재생하는 데 필요한 안정과 이완, 평정을 되찾기 위해서라도 필수불가결하다.

문제는 자연이 어떻게 최적의 방법으로 도시에 통합될 수 있는지 충분히 이해한 채 도시 생활공간을 구성해야 한다는 점이다. 스트레스가 덜 유발되는 사무실, 아이들에게 최고의 교육 환경을 조성하는 학교, 환자의 회복을 향상시키는 병원 등 복지를 증진시키는 공간들 말이다. 현재 자연 친화적인 도시설계에 관한 수많은 연구가 진행 중이다.

또한 해당 질문은 이 책을 쓴 목적이자 앞서 인용했던 스물여섯 명의 과학자들의 선언서[18]에서 설정한 목표에 부합하기도 한다. 이 선언서는 도시에서 자연이 주는 혜택으로 기쁨과 같은 긍정적인 감정, 사회적 상호작용과 관련된 인간의 복지 증진, 학교나 직장에서 발휘할 수 있는 창의력과 인지력 향상으로 인한 역량의 최대치 증대, 불안과 우울감이 감소됨으로써 심리적 고통이 경감되는 것과 같은 현대인에게 필요하다고 할 만한 요인들을 제시했다.

나아가 과학자들은 현상을 진단하는 데 그치지 않고, 미래 도시계획에 반영할 수 있는 공공보건의 권고를 위하여 자연이 인간에게 미치는 영향을 양적으로 평가하는 실질적인 방법론을 제안하기도 했다.

자연이 인간에게 개입하는 원리는 복잡다단하여 주요 요소를 전부 분리해내는 것은 불가능하다. 따라서 연구원들은 자연 노출과 경험의 서로 다른 지속 시간과 빈도, 강도를 결합할 수 있는 '자연 함유량dose of nature'이라는 개념을 도입했다. 이 개념이 시처럼 아름답지 않은 건 사실이지만 자연의 혜택을 양적 측정할 수 있게 만들어줄 수는 있다. 건조하게 말하자면 자연과의 관계에서 발생하는 혜택은 우리가 받은 자연 함유량에 따라 달라진다.

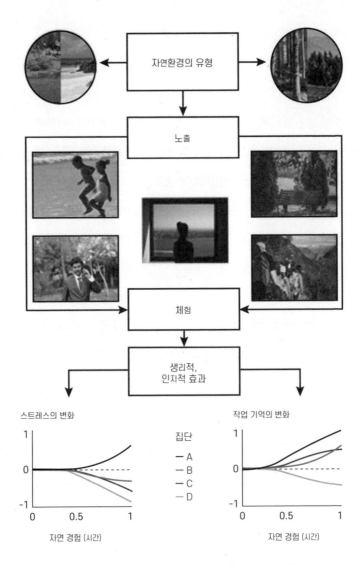

스트레스의 변화

집단
— A
— B
— C
— D

작업 기억의 변화

자연 경험 (시간)

자연 경험 (시간)

숲부터 별까지, 도시에서 자연이 주는 혜택을 측정하기 위한 다양한 기준을 제안한다. 자연에서의 경험을 통한 혜택은 그래프에서 볼 수 있듯, 실험에 참여한 대부분의 집단에서 생리적, 인지적 긍정적인 효과를 낳았다.

자연은 당신의 안녕을 돌본다

전 세계 인구의 절반 이상이 도시에 살고 있는 현재, 지구의 환경문제는 도시와 직결되어 있다고 해도 과언이 아니다. 전문가들은 자연이 갖춘 정화 능력을 통하여 인간이 기후변화에 적응하는 데 큰 도움을 받을 수 있다고 강조한다.

예를 들어 혹서기에 자연이 제공하는 공간은 인간이 더위를 피해 쉴 수 있는 작은 섬이 되어준다. 뿐만 아니라 도시계획에 도입된 식물들은 도시의 오염을 줄일 구체적인 해결책이 되어준다. 특정 주파수를 흡수하여 소음을 줄여주는 가로수가 대표적이다.

하지만 이보다 더 중요할 뿐만 아니라 전부라고 할 수 있는 건, 멈출 줄 모르고 질주하는 도시화에 대항하여 자연과 접촉하는 작은 행동이 현대인의 심리적 건강의 원천이 될 수 있다는 점이다. 귀농이 나를 포함한 여러 사람의 마음을 사로잡은 것은 사실이지만, 무작정 농촌으로 회귀하기보다는 많은 사람에게 일상 속에서 자연에 쉽게 접근할 수 있는 권리가 주어져야 한다고 생각한다.

무분별한 도시화를 지연시킬 해결책은 우리의 실천이 비록 미미해 보일지라도 분명히 효과가 있다. 점점 더 많은 공동체, 건축가, 기업, 시민들이 도심에 나무를 심거나 공원을 조성하려고 하며, 지붕 및 담벼락과 건물의 외벽에 녹지화 전략을 제안하고 있다. 도시의 넘쳐나는 인공물로 인해 피로가 누적된 인간의 뇌를 되살리려는 작은 혁명이 여기저기에서 일어나고 있다.

산업혁명이 한창이던 19세기 《월든》을 집필한 소로는 피로감 넘치는 사회에서 우리를 구원할 손길이 어디에서 오는지 이미 알고 있었다. 그는 우리에게 단 하나를 권유한다.

"자연은 매 순간 당신의 안녕을 돌본다. 다른 목적은 없다. 그러니 자연에 저항하지 말자."

참고문헌

1장

1. C. Tedesco, 'La nature en ville. Base pour un carnet pratique', Institut d'aménagement et d'urbanisme - Île-de-France, 2014

2. B. Fernandez, S. Petitmange, 'Pour un accès responsable à la nature en confinement', *Reporterre*, 2020 (http://reporterre.net/Il-faut-autoriser-l-acces-aux-espaces-naturels-prendant-le-confinement).

3. S. K. Brooks, R. K. Webster, L. E. Smith, L. Woodland, S. Wessely, N. Greenberg, G. J. Rubin, 'The psychological impact of quarantine and how to reduce it: rapid review of the evidence', *The Lancet*, 395(10,227), 2020, pp.912-920.

4. C. Grandé, M. Coldefy, *T. Rochereau*, 'Les inégalités face au risque de détresse psychologique pendant le confinement. Premiers résultats de l'enquête COCLICO du 3 au 14 avril 2020', *Questions d'économie de la santé*, 249, IRDES, étude réalisée par l'Institut national de la statistique et des études économique(STATEC).

5. S. Stieger, D. Lewetz, V. Swami, 'motional well-being under conditions of lockdown: an experience sampling study in Austria during the COVID-19 pandemic', *J. Happiness Stud.*, 2021.

6. L. Belot, 'Confinement : "L'exposition au bruit et au silence est très inégalitaire"', *Le Monde*, 28 mars 2020.

7. L. Bourdeau-Lepage, 'Le confinement, révélateur de l'attrait de la nature en ville', *The Conversation*, 19 octobre 2020, (http://theconversation.com/le-confinement-revelateur-de-lattrait-de-la-nature-en-ville-147147).

8. C. André, 'Notre cerveau a besoin de nature', *Cerveau & Psycho*, novembre-décembre 2012.

9. A. Lacroix, *Devant la beauté de la nature*, Allary Édition, 2018.

10. É. Cortès, *Par la force des arbres*, Éditions des Équateurs, 2020.

11. S. Tesson, *Dans les forêts de Sibérie*, Gallimard Folio, 2011.(《희망의 발견: 시베리아의 숲에서》, 까치글방, 임호경 옮김)

12. J. D. Balling, J. H. Falk, 'Development of visual preferences for natural landscapes', *Environment and Behavior*, 14, pp. 5-28, 1982.

13. E.O. Moore, 'A Prison environment's effect on health care service demands', *Journal of Environmental Systems*, 11, pp.17-34, 1981.

14. J. Mass, R. A. Verhei, S. de Vrie, P. Spreeuwenberg, F. G. Schellevis, P. P. Groenewgen, 'Morbidity is related to a green living environment', *Journal of Epidemiology & Community Health*, 63(12), 2009, pp. 967-973.

15. M. Van Den Berg, W. Wendel-Vos, M. Van Poppel, H. Kemper, W. Van Mechelen, J, Maas, 'Health benefits of green spaces in the living environment: a systemateric review of epidemiological studies', *Urban Forestry & Urban Greening*, 14(4), 2015, pp. 806-816.

16. R. Sturm, D. Cohen, 'Proximity to urban parks & mental health', The Journal of Mental Health Policy and Economics, 17(1), 2014, pp. 19-24.

17. H. Tost, M. Reichert, U. Braun, *et al*, 'Neural correlates of individual differences in affective benefit of real-life urban green space exposure', *Nature Neuroscience*, 22(9), 2019, pp. 1389-1393.

18. G. N. Bartman, C. B. Anderson, M. G. Berman, *et al*, 'Nature and mental health: an ecosystem service perspective', *Science advances*, 5(7), 2019, pp. 1-14.

2장

1. J.-J. Rousseau, *Rêveries du promeneur solitaire*, *Septième promenade*, Le Livre de Poche, 2001.(《고독한 산책자의 몽상》, 문학동네, 문경자 옮김)

2. R. Harrison, de l'université de Stanford, a évoqué l'histoire de ce processus dans son magnifique livre Forêts, *Essai sur l'imaginaire occidental*, Flammarion, 'Champs', 2010.

3. B. J. Park, Y. Tsunetsugu, T. Kasetani, T. Kagawa, Y. Miyazaki , 'The physiological effects of Shinrin-yoku(taking in the forest atmosphere or forest bathing) : evidence from field experiments in 24 forests across Japan', *Environmental Health and Preventive Medicine*, 15(1), 2010, pp.18-26.

4. Q. Li, T. Othuka, M. Kobayasi, Y. Wakayama, H. Inagaki, M. Katsumata, Y. Hirata, Y Li, K. Hirata, T. Shimizu, H. Suzuki, T. Kawada, T. Kagawa, 'Acute effects of walking in forest environments of cardiovascular and metabolic parameters', *European Journal of Applied Physiology*, 111(11), 2011,

pp. 2845-2853.

5. C. Song, H. Ikei, Y, Miyazaki, 'Elucidation of a physiological adjustment effect in a forest environment: A pilot study', *International Journal of Environmental Research and Public Health*, 12(4), 2015, pp. 4247-4255.

6. C. P. Yu, C. M. Lin, M. J. Chin, Y. C. Chin, C. Y. Chen, 'Effects of short forest bathing on autonomic nervous system activity and mood state in middle-aged and elderly individuals', *International Journal of Environmental Research and Public Health*, 14(8), 2017, p.897.

7. R. Z. Herz, 'Aromatherapy facts and fictions : a scientific analysis of olfactory effets on mood, physiology and behavior', *International Journal of Neuroscience*, 119(2), 2009, pp. 263-290.

8. M. Kawamoto, K. Kawakami, H. Otani, 'Effects of phytoncides on spontaneous activities and sympathetic stress responses in Wistar Kyoto and stroke-prone spontaneously hypertensive rats', *Shiname Journal of Medical Science*, 25, 2008, pp. 7-12.

9. Q. Li, T. Kawada, 'Effect of forest environment on human natural killer(NK) activity', *International Journal of Immunopatholog and Pharmacology*, 24(S1), 2011, pp. 39-44.

10. Q. Li, M. Kobayasi, Y. Wakayama, H. Inagaki, B. J. Park T. Ohira, T. Kagawa, Y. Miyazaki, 'Effect of phytoncides from trees on human natural killer cell function', *International Journal of Immunopathology and Pharmacology*, 22(4), 2009, pp.951-959. 2009.

11. A. Rosengren, S. Hawken, *et al*, 'Association of psycho-social risk factors with risk of acute myocardial infraction in 11,119 cases and 13,648 controls from 52 countries (the INTERHEART study) : case-control study', *The Lancet*, 364(9438), pp. 953-962.

12. S. Cohen, D. Janichi-Deverts, W. J. Doyle, *et al.*, 'Chronic stress, glucocorticoid receptor resistance, inflammation and disease risk', *Proceedings of the National Academy of Sciences*, 109(16), 2012, pp. 5995-5999.

13. Y. Miyamoto, .J. M. Boylan, C. L Coe K. B. Curhan, C. S. Levine, H. R. Markus, J. Park, S. Kitayama, N. Nawakami, M. Karasawa, G. D. Love C. D. Ryff, 'Negative emotions predict elevated interleukin-6 in the United states but not in Japan', *Brain, Behavior, and Immunity*, 34, 2014, pp. 79-85.

14. J. E. Steller, N. John-Henderson, C. L. Anderson, A. M. Gorden, G. D. McNeil, D. Keltner, 'Positive affect and markers of inflammation: discerte positive emotions predict lower levels of

inflammatory cytokines', *Emotions*, 15(2), 2015, pp. 129-133.

15. D. D. Clarke, L. Sokoloff, 'Circulation and energy metabolism of the brain', *Basic Neurochemistry : Molecular, Cellular and Medical Aspects*, 1999, pp.637-669.

16. K Lee, *et al.*, '40-second green roof sustain attetion : The role of micro-break in attention restoration', *Journal of Environmental Psychology*, 42, 2015, pp. 182-189.

17. P. Dadavand, M. P. Nieuwenhuijsen, *et al.*, 'Green spaces and cognitive development in primary schoolchildren', *Proceedings of the National Academy of Sciences*, 112(26), 2015 pp. 7937-7942.

18. O. Khazan, 'Green spaces make kids smarter', The Atlantic, 2015 (www.theatlantic.com/health/archive/2015/06/green-spaces-make-kids-smarter/395924/).

19. G. N. Bratman, J. P. Hamilton, K. S. Hahn, G. C. Daily, J. J. Gross, 'Nature experience reduces rumination and subgenual prefrontal cortex activation', *Proceedings of the National Academy of Science*, 112(28), 2015, pp. 8567-8572.

20. D. Djernism I. Lerstrup, D. Poulsen, U. Stigsdotter, J. Dahlgaard, M. O'Toole, 'A systematic review and meta-analysis of nature-based mindfulness : effects of moving mindfulness training into an outdoor natural setting', *International Journal of Environmental Research and Public Health*, 16(17), 2019, p.3202.

21. R. Kaplan, S. Kaplan, *The Experience of Nature - A Psychological Perspective*, Cambridge University Press, 1989.

22. W. S. Shin, C. S. Shin, P. S. Yeoun, 'The influence of forest therapy camp on deression in alcoholics', *Environmental Health and Preventive Medicine*, 17(1), 2012, pp.73-76.

23. R. A. Atchley, D. L. Strayer, P. Atchley, 'Creativity in the wild : improving creative reasoning through immersion in natural settings', *PLoS One*, 7(12), 2012.

24. W. Heisenberg, *La Partie et le Tout - Le monde de la physique atomique (souvenirs, 1920-1965)*, Flammarion, 1972.(《부분과 전체》, 서커스출판상회, 유영미 옮김)

25. W. S. Shin, 'Forest policy and forest healing in the Republic of Korea', *International Society of Nature and Forest Medicine*, 2015

26. M. G. Berman, E. Kross, M. Krpan, *et al.*, 'Interacting with nature improves cognition and affect for individuals with depression', *Journal of Affective Disorders*, 140(3), 2012, pp. 300-305.

27. C. André, podcast 'La Vie intérieure - La marche', France Culture, octobre 2017.

3장

1. C. Bushdid, M. O. Magnasco, L. B. Vosshall, A. Keller, 'Humans can discriminate more than 1 trillion olfactory stimuli', *Science*, 343, 2014, pp. 1370-1472.

2. D. Ji, M. A. Wilson, 'Coordinated memory replay in the visual cortex and hippocampus during sleep', *Nature Neuroscience* 10(1), 2017, pp. 100-107.

3. K. W. Jacobs, F. E. Jr. Hustmyer, 'Effects of four psychological primary colors on GSR, heart rate and respiration rate', *Perceptual Motor Skills*, 38(3), 1974, pp. 763-766.

4. Y. Klein, *Le dépassement de la problématique de l'art et autres écrits*, École nationale supérieure des Beaux-Arts de Paris, 2019.

5. S. Freud, *Le Malaise dans la culture*, in Œuvres complètes, vol. XVIII, PUF, 1994, pp. 249-251. (《문명 속의 불만》, 열린책들, 김석희 옮김)

6. E. Lederborgen, P. Kirsch, L. Haddad, *et al.*, 'City living and urban upbringing affect neural social stress processing on humans', *Nature*, 474(7352), 2011, pp. 498-501.

7. A. Jha, 'City living affect your brain, researchers find', *The Guardian*, 22 juin 2011.

8. C. Moreau, 'Ces 5 applications devraient vous aider à mieux dormir', *L'Expresse*, 16 septembre 2019 (www.lexpress.fr/styles/forme/mieux-dormir-les-applications-pour-nous-aider_2097851.html).

9. B. Brady, L. Stevens, 'Binaural-beat induced Theta EEG activity and hypnotic susceptibility', *American Journal of Clinical Hypnosis*, 43, 2000, pp. 53-69.

10. J. D. Lane, S. J. Kasian, J. E. Owens, G. R. Marsh, 'Binaural Auditory Beats Affect Vigilance Performance and Mood', *Physiology & Behavior*, 63(2), 1998 pp. 249-252.

11. A. Corbin, *Le Territoire du vide. L'Occident et le désir de riage*, 1750-1840, Aubier, 1998.

12. D. Nutsford, A. L. Pearson, S. Kingham, F. Reitsma, 'Residential exposure to visible blue space (but not green space) associated with lower psychological distress in a capital city', *Health Place*, 39, 2016, pp. 70-78.

13. http://bmjopen.bmj.com/content/7/6/e016188, http://bluehealth2020.eu/

14. M. Tester-Jones, M. P. White, L. R. Elliott, *et al.*, 'Result from an 18 country cross-sectional

study examining experiences of nature of people with common mental health disorders',
Scientific Reports, 10(1), 2020, pp. 1-11.

4장

1. S. Freud, 위의 책.

2. J.-J. Rousseau, 위의 책.

3. M. Hulin, *La Mystique savage*, PUF, 2008

4. S. Ferenczi, Thalasa, Psychanalyse des origines de la vie sexuelle, Petite bibliothèque Payot, 1977.

5. K. Itawa, M. Yamamoto, M. Nakao, M. Kimura, 'A study of polysomnographic observations and subjective experiences under sensory deprivation', *Psychiatry and Clinical Neurosciences*, 53(2), 1999.

6. M. E. Raichle, A. M. MacLeod, A. Z. Snyder, *et al.*, 'A default mode of brain function', *Proceedings of the National Academy of Science*, 98(2), 2001, pp. 676-682.

7. J. R. Andrews-Hanna, J. S. Reidler, J. Sepulcre, R. Poulin, R. L. Buckner, 'Functional Anatomic Fractionation of the Brain's Default Network', *Neuron*, 65(4), 2010, pp. 550-562.

8. N. A. Farb, Z. V. Segal, H. Mayberg, *et al.*, 'Attending to the present: mindfulness meditation reveals distinct neural modes of self-reference', *Social Cognitive and Affective Neuroscience*, 2(4), 2007, pp. 313-322.

9. D. S. Margulies, S. S. Ghosh, A. Goulas, M. Falkiewicz, J. M. Huntenburg, G. Langs, G. Bezgin, S. B. Eickhoff, F. X. Castellanos, M. Petrides, E. Jefferies, J. Smallwood, 'Situating the default-mode network along a principal gradient of macroscale cortical organization', *Proceedings of the National Academy of Sciences*, 113(44), 2016, pp.12574-12579.

10. J. Brewer, *et al.*, 'Meditation experience is associated with differences in default mode network activity and connectivity', *Proceedings of the National Academy of Sciences*, 108(50), 2011, pp. 20254-20259.

11. A. Kjellgren, U. Sundequist, T. Norlanderm T. Archer, 'Effects of flotation-REST on muscle tension pain', *Pain Research and Management*, 6(4), 2000, pp. 181-189.

12. S. A. Bood, A. Kjellgrenm T. Norlander, 'Treating stress-related pain with the flotation

자연이 우리를 행복하게 만들 수 있다면

restricted environmental stimulation technique : are there differences between women and men?', *Pain Research and Management*, 14(4), 2009, pp. 293-298.

13. J. S. Feinstein, S. S. Khalsa, H. W. Yeh, *et al*, 'Examining the short-term anxiolytic and antidepressant effect of Flotation-REST', *PLoS One*, 13(2), 2018.

5장

1. R. Oudghiri, *Habiter l'aube ou apprendre à vivre dans la splendeur*, Arléa, 2019.

2. G. Vandewalle, P. Maquet, D. J. Dijk, 'Lights as a modulator of cognitive brain function', *Trends in Cognitive Sciences*, 2009; 13(10), pp. 429-438.

3. M. F. Holick, 'Sunlight and vitamin D for bone health and prevention of autoimmune diseases, cancers, and cardiovascular dsease', *The American Journal of Clinical Nutrition*, 80(6), 2004, pp. 1678S-1688S.

4. M. F. Holick, 'Biological effects of sunlight, ultraviolet radiation, visible light, infrared radiation and vitamin D for health', *Anticancer Research*, 36, 2016 pp. 1345-1356.

5. W. B. Grant, H. Lahore, S. L. Mcdonnell, C. A. Baggerly, C. B. French, J. L. Aliano, H. P. Bhattoa, 'Evidence that vitamin D supplementation could reduce risk of influenza and COVID-19 infections and deaths', *Nutrients*, 12(4), 2020, p. 988.

6. C. Gronfier, 'Chronobiologie, les 24 heures chrono de l'organisme', Inserm, 2017 (www.insern.fr/information-en-sante/dosssiers-information/chronobiologie).

7. W. D. Killgore, J. R. Vanuk, B. R. Shane, M. Weber, S. Bajaj, 'A randomized double-blind, placebo-controlled trial of blue wavelength light exposure on sleep and recovery of brain structure, function, and cognition following mild traumatic brain injury', *Neurobiology of Disease*, 134, 2020, p.104679.

8. A. Videnovic, E. B. Klerman, W. Wang, A. Marconi, T, Kuhta, P. C. Zoe, 'Timed light therapy for sleep and daytime sleepiness associated with Parkinson disease : a randomized clinical trial', *JAMA Neurology*, (4), 2017, pp. 411-418.

9. D. Forbes, C. M. Blake, *et al.*, 'Light therapy for improving cognition, activities of daily living, sleep, challenging behaviour, and psychiatric disturbances in dementia', Dementia

and Cognitive Improvement Group. 요약은 다음 링크에서 확인할 수 있습니다 : www.cochrane.org/fr/ CD003946/DEMENTIA_les-preuves-sont-insufissantes-pour-recommander-lutilisation-de-la- luminotherapie-dans-la-demence

6장

1. M. Pastoureau, D. Simonet, *Le Petit Livre des couleurs*, Points, 2014.(《색의 인문학》, 미술문화, 고봉만 옮김)

2. K. Sundquist, G. Frank, J. Sundquist, 'Urbanisation and incidence of psychosis and depression : follow-up study of 4.4 millions women and men in Sweden', *The British Journal of Psychiatry*, 184, 2004, pp. 293-298.

3. E. Bubl, E. Kern, D. Ebert, M. Bach, L. Tebartz van Elst, 'Seeing gray when feeling blue? Depression can be measured in the eye of the diseased', *Biological Psychiatry*, 68(2), 2010, pp. 205-208.

4. S. Berthier, *L'Éveil du Morpho*, Flammarion, 2021.

5. 다큐멘터리 〈데이비드 애튼버러:생명의 색을 찾아서〉, 데이비드 애튼버러(David Attenbraugh), 넷플릭스, 2021.

6. A. Roorda, D. R. Williams, 'The arrangement of the three cone dlasses in the living human eye', *Nature*, 397, 1999, pp. 520-522.

7. P. Fleury, C. Imbert, 'Couleur', *Encyclopedia Universalis*, 6, 1996, pp. 676-681(www.universalis.fr/ encydlopedie/couleur/)

8. M. Brusatin, 'Couluers, histoire de l'art', *Encylopedia Universalis*, 6, 1996, pp. 682-687.

9. L'expression est de Joseph Levine dans 'Materialism and qualia: the explanatory gap', *Pacific Philosophical Quarterly*, 64(4), 1983, p. 354-361.

10. 'What Marry didn't know', *The Journal of Philosophy*, 83, 1986, pp. 291-295.

11. S. Zeki, 'Neurobiology and th humanities', *Neuron*, 84(1), 2014, pp.12-14.

12. E. A. Vessel, G. G. Starr, N. Rubin, 'Art reaches within: aesthetic experience, the self and the default mode network', *Front Neuroscience*, 7, 2013, p. 258.

자연이 우리를 행복하게 만들 수 있다면

7장

1. J. Tassin, *À quoi pensentles plantes?*, Odile Jacob, 2016.

2. P. Wohlleben, *La vie secrète des arbres*, Les Arènes, 2017.

3. D. Chanmowitz, *La Plante e ses sens*, Buchet-Chastel, 2018.

4. G. Deleuze et F. Guattari, *Mille Plateaux*, Éditions de Minuit, 1980.(《천 개의 고원》, 새물결, 김재인 옮김)

5. G. N. Amzallag, *L'Homme végétal. Pour une autonomie du vivant*, Albain Michel, 2003. p.27.

6. A. Boulanger, C. Thinat, S. Züchner, L. G. Fradkin, H. Lortat-Jacob, J. M. Dura, 'Axonal chemokine-like Orion induces astrocyte infiltration and engulfment during mushroom body neuronal remodeling', *Nature Communications*, 12(1), 2021, p. 1849.

7. G. Deleuze et F. Guattari, 위의 책, 그리고 www.webdeleuze.com/textes/361 참고.

8. S. Rose, *The Conscious Brain*, Harmondsworth, Middle-sex , Penguin Books, 1976.

9. F. Hallé, *Éloge de la plante. Pour une nouvelle biologie*, Points, 2014.

10. S. Weil, *L'Enracinement*, Gallimard, 1990.('뿌리내림', 이제이북스, 이세진 옮김)

8장

1. D. Dubuc, 'Michel Siffre : "Sous terre sans repère, c'est le cerveau qui crée le temps"', Le Monde, 05 mai 2017www.lemonde.fr/tant-de-temps/article/2017/05/05/michel-siffre-sous-terre-sans-repere-c-est-le-cerveau-qui-cree-le-temps_5122609_4598196.html).

2. É. Challet, *et al.*, 'Lack of food anticipation in Per2 mutant mice', *Current Biology*, 16(20), 2006, pp. 2016-2022.

3. R. J. Konopka, S. Benzer, 'Clock mutants of Drosophila melanogaster', *Proceedings of the National Academy of Sciences*, 68, 1971, pp. 2112-2116.

4. L. S. Mure, H. D. Le, G. Benegiamo, M. W. Chang, *et al.*, 'Diurnal transcriptome atlas of a primate across major neural and peripheral tissues', *Science*, 359(6381), 2018.

5. M. H. Vitaterna, D. P. King, A, M. Chang, J. M. Kornhauser, P. L. Lowrey, J. D. Mcdonald, W. F. Dove, L. H. Pinto, F. W. Turek, J. S. Takahashi, 'Mutagenesis and mapping of a mouse gene, Clock, essential for circadian behavior', *Science*, 264(5159), 1994, pp. 719-725.

6. C. Helfrich-Förster, S. Monecke, I. Spiousas, T. Hovestadt, O. Mitesser, T. A. Wehr, 'Women

temporarily synchronize their menstrual cycles with the luminance and gravimetric cycles of the Moon', *Science Advances*, 7(5), 2021.

7. X. C. Dopico, M. Evangelou, R. C. Ferreira, *et al.*, 'Widespread seasonal gene expression reveals annual differences in human immunity and physiology', *Nature Communications*, 6(1), 2015, pp. 1-13.

8. C. Meyer, V. Muto, M. Jasper, 'Seasonality in human cognitive brain responses', *Proceedings of the National Academy of Sciences*, 113(11), 2016, pp. 3066-3071.

9. S. Sabia, A. Fayosse, J. Dumurgier, *et al.*, 'Association of sleep duration in middle and old age with incidence of dementia', *Nature Communications*, 12, 2021, p. 2289.

10. F. Lévi, et al., 'Randomised multicentre trial of chronotherapy with oxaliplatin, flurouracil, and folinic acid in metastatic colorectal cancer', *The Lancet* ; 350, 199, pp. 681-686.

11. R. Dallmann, A. Okyar, F. Lévi, 'Dosing-time makes the poison : circadian regulation and pharmacotherapy', *Trends in Molecular Medicine*, 22(5), 2016, pp. 430-445.

9장

1. F. de Waal, *Les Grands Singes. L'humanité au fond des yeux*, Odile Jacob, 2005.(《침팬지 폴리틱스》, 바다출판사, 2018)

2. 독일의 동물학자이자 비교심리학자 야코브 폰 윅스쿨(Jakob von Uexküll)의 표현이다.

3. G. Rizzolatti, L. Fadiga, V. Gallese, F. Fogassi, 'Premotor cortex and the recognition of motor actions', *Cognitive Brain Research*, 3, 1996, p. 131-141.

4. G. Rizzolatti, C. Sinigaglia, M. Raiola, *Les Neurones miroirs*, Odile Jacob, 2008.

5. G. Buccino, F. Lui, N. Canessa, *et al.*, 'Neural circuits involved in the recognition of actions performed by nonconspecifics : an fMRI study', *Journal of Cognitive Neuroscience*, 16(1), 2004, pp. 114-126.

6. M. Maurer, F. Delfour, J.-L. Adrien, 'Analyse de dix recherches sur la thérapie assistée par l'animal : quelle méthodologie pour quels effets?', *Journal de Réadaptation Médicale : Pratique et Formation en Médecine Physique et de Réadaptation*, 28(4), 2008.

7. M. Churchill, J. Safaoui, B. W. McCabe, M. M. Baun, 'Using a therapy dog to alleviate the agitation and desocialization of people with Alzheimer's disease', *Journal of Psychosocial*

자연이 우리를 행복하게 만들 수 있다면

Nursing and Mental Health Services, 37(4), 1999, pp. 16-22.

8. M. Nagasawa, S. Mitsui, S. En, *et al.*, ʻSocial evolution.

Oxytocin-gaze positive loop and the coevolution of human-dog bonds', *Science*, 348(6232), pp.

2015333-2015336.

10장

1. 데이비드 스즈키 재단(David Suzuki Foundation)

2. D. Drossman, J. Nicholas, J. Lserman, *et al.*, ʻSexual and physical abuse and gastrointestinal

illness : review and recommendations', *Annals of Internal Medicine*, 123(10), 1995, pp. 782-794.

3. 2008년 시작된 Méta HIT연구. 프랑스 농업연구원(INRA)에서 통괄.

4. C. Cherbuy, ʻLe microbiote intestinal : une composante santé qui évolue avec l'âge', *INRA*,

innovations agronomiques, 2013.

5. P. Langella, C. Bouix, ʻLe microbiote intestinal, un organe à part entière', *Le Quotidien du

pharmacien*, novembre 2016.

6. D. C. Jin, H. L. Cao, M. Q. Xu, *et al.*, ʻRegulation of the serotonin transporter in the pathogenesis

of irritable bowel syndrome', *World Journal of Gastroenterology*, 22(36), 2016, pp. 8137-8148.

7. J. H. Mao, Y. M Kim, Y. X. Zhou, *et al.*, ʻGenetic and metabolic links between the murine

microbiome and memory', *Microbiome*, 8(1), 2020, p. 73.

8. M. Boehme, *et al.*, ʻMicrobiota from young mice counteracts selective age-associated

behavioral deficits', *Nature Aging*, 1, 2021, pp. 666-676.

9. M Valles-Colomer, G. Falony, Y, Darzi, *et al.*, ʻThe neuroactive potential of the human gut

microbiota in quality of life and depression', *Nature Microbiology*, 4, 2019, pp. 623-632.

10. A. Kazemi, A. A. Noorbala, K. Azam, *et al.*, ʻEffect of probiotic and prebiotic vs placebo on

psychological outcomes in patients with major depressive disorder : A randomized clinical trial',

Clinical Nutrition, 38(2), 2019, pp. 522-528.

11. G. A. Rook, *et al.*, ʻOld friends for breakfast', *Clinical and Experimental Allergy*, 35(7), 2005, pp.

841-842.

12. M. Braumbach, A. Egorov, P. Mudu, ʻEffects of urban green space on environmental health,

equity and resilience', in N. Kabisch, H. Korn, J. Stadler, A. Bonn, *Nature-Based Solutions to Climate Change Adaptation in Urban Areas*, Springer, Cham, 2017, pp. 187-205.

13. F. Guarner, R. Bourdet-Sicard, P. Brandtzaeg, H. S. Gill, *et al.*, 'Mechanisms of disease : the hygiene hypothesis revisited', *Nature Clinical Practice Gastroenterology & Hepatology*, 3(5), 2006, pp. 275-284.

14. F. A. Ayeni, E. Biagi, S. Rampelli, *et al.*, 'Infant and adult gut microbiome and metabolome in rural bassa and urban settlers from Nigeria', *Cell Reports*, 23(10), 2018, pp. 3056-3067.

15. D. G. Smith, R. Martinelli, G. S. Besra, P. A. Illarionov, *et al.*, 'Identification and characterization of a novel antiinflammatory lipid isolated from Mycobacterium vaccae, a soilderived bacterium with immunoregulatory and stress resilience properties', *Psychopharmacology (Berlin)*, 236(5), 2019, pp. 1653-1670.

11장

1. P. Valéry, *Tel Quel*, Gallimard, 'Bibliothèque de la Pléiade', 1960.

2. www.youtube.com/watch?v=t6Zt4XCHj3U

3. http://lucasmatichard.com/le-son-des-montagnes

4. D. Rouzier, B. Rivoal, 'Silence! Les raisons de la colère', 2002 (www.mountainwilderness.fr/images/documents/dossierSilence.pdf).

5. Association Bruitpairf, juin 2016.

6. M. Le Van Quyen, *Cerveau et silence*, Flammarion, 2019.

7. D. Le Breton, *Du silence*, Métailié, 1997.

8. D. Le Breton, *Éloge de la marche*, Métailié, 2000.(《걷기 예찬》, 현대문학, 김화영 옮김)

9. 'Impacts sanitaires de la pollution de l'air en France : nouvelles données et perspectives', 2016 (www.santepublique.france.fr/presse/2016/impacts-sanitaires-de-la-pollution-de-l-air-en-france-nouvelles-donnees-et-perspectives).

10. I. Kirste, Z. Nicola, G. Kronenberg, T. L. Walker, R. C. Liu, G. Kempermann, T. L. Walker, R. C. Liu, G. Kempermann, 'Is silence golden? Effects of auditory stimuli and their absence on adult hippocampal neurogenesis', *Brain Structure and Function*, 220, 2015, pp. 1221-1228.

자연이 우리를 행복하게 만들 수 있다면

11. 다큐멘터리 〈소리의 정원〉, 니콜라 벨루치(N. Bellucci), 2011년 제3회 DMZ 국제다큐멘터리영화제 상영작.

12장

1. M. Poletti, C. Listorti, M. Rucci, 'Stability of the visual world during eye drift', *The Journal of Neuroscience*, 30(33), 2010, pp. 11143-11150.

2. M. Sherif, 'A study of some social factors in perception : Chapter 2', *Archives of Psychology*, 27(187), 1935, pp. 17-22.

3. Pierre Theillard de Chardin, *Le milieu divin*, Harper Perennial Modern Classics, 2001.(《신의 영역》, 분도출판사, 이문희 옮김)

4. J.-P. Luminet, 'Hommage à Giordano Bruno : l'ivresse de l'infini', 2020 (https://blogs.futura-sciences.com/luminet/2020/02/17/hommage-a-giordano-bruno-livresse-de-linfini/)

5. F. Vazza, A. Feletti, 'The quantitative comparison between the neuronal network and the cosmic web', *Frontiers in Physics*, 8, 2020.

6. D. J. Watts, S. H. Strogatz, 'Collective dynamics of "smallworld" networks', *Nature*, 393(6684), 1998, pp. 440-442.

7. O. Sporns, J-D. Zwi, 'The small world of the cerebral cortex', *Neuroinformatics*, 2(2), 2004, pp. 145-162.

8. 'Neuroplanète 2020 : des cerveaux dans l'Univers', *Le Point*, 2020, (www.lepoint.fr/video/neuroplanete-2020-des-cerveaux-dans-l-univers-06-03-2020-2366026_738.php#).

결론

1. V. Delourme, 'Ce que le confinement a souligné profondément, c'est une envie de nature', blog Enlarge Your Paris, 14 mai 2020.

2. S. Kaplan, 'The restorative benefits of nature : Toward an integrative framework', *Journal of Environmental Psychology*, 15(3), 1995, pp. 169-182.

3. C. Fleurym A-C. Prévot, *Le Souci de la nature*, CNRS Éditions, 2017.

4. E. Rosch, E. Thompson, F. Varela, 'La couleur des idées', in *L'Inscription corporelle de l'esprit*.

Sciences cognitives et expérience humaine, Seuil, 1993.

5. Claire Petitmengin, 'S'ancrer dans l'expérience vécue comme acte de résistance', Séminaire en ligne du Labo de micro-phénoménologie, 2020.

6. Agence Science-Presse, 'La 6ᵉ extinction', 17 septembre 2007.

7. R. M. Pyle, *L'Extinction de l'expérience*, 2016.

8. J. R. Miller, 'Biodiversity conservation and the extinction of experience', *Trends in Ecology & Evolution*, 20, 2005, pp. 430-434.

9. François Cardinal, *Perdus sans la nature*, Éditions Québec Amérique, 2010.

10. G. Mark, V. M. Gonzales, J. Harris, 'No task left behind? Examining the nature of fragmented work', *Proceedings of ACM CHI*, 2005.

11. G. Mark D. Gudith, U. Klocke, 'The cost of interrupted work : more speed and stress', *Proceedings of the SIGCHI Conference on Human Factors in Computing Systems*, 2008, pp. 107-110.

12. K. E. Lee, *et al.*, '40-second green roof views sustain attention : The role of micro-breaks in attention restoration', *Journal of Environmental Psychology*, 42, 2015.

13. C. Cooper, 'Human spaces : the global impact of biophilic design in the workplace', 2015.

14. Inserm, 'Troubles mentaux : Dépistage et prévention chez l'enfant et l'adolescent', 2002.

15. I. Fjørtoft, 'Landscape as playscape : the effects of natural environments on children's play and motor development', *Children*, Youth and Environments, 14(2), 2004, pp. 21-44.

16. D. J. Bowen, J. T. Neill, 'A meta-analysis of adventure therapy outcomes and moderators', *The Open Psychology Journal*, 6(1), 2013, pp. 28-53.

17. 특히 버클리대학교 교수 클레어 쿠퍼 마르쿠스(Clare Cooper Marcus)가 저서 《힐링 가든(Healing Garden)》(John Wiley & Sons, 1999)에서 설명한 연구를 가리킨다.

18. G. N. Bartman, C. B. Anderson, M. G. Berman, *et al.*, 위의 글.

자연이 우리를 행복하게 만들 수 있다면

도판 출처

옮긴이 김수영

한국외국어대학교와 동 통번역대학원 한불과를 나와, 프랑스 에스모드 패션 비즈니스에서 패션 비즈니스와 커뮤니케이션 전략 과정을 졸업했다. 한국에 돌아와 프랑스 문화원, 연합뉴스 근무를 거쳐 출판사에서 외서 기획과 마케팅을 담당했으며 현재 출판번역에이전시 글로하나에서 다양한 분야의 프랑스서와 영미서를 번역하고 있다. 옮긴 책으로는 《우아하게 반박하는 기술》,《한눈에 보는 와인》,《만화로 배우는 서양사 중세 2》,《라루스 세계 명언 대사전》 등이 있다.

자연이 우리를 행복하게 만들 수 있다면

초판 1쇄 발행	2023년 7월 5일
초판 2쇄 발행	2023년 8월 1일
지은이	미셸 르 방 키앵
옮긴이	김수영
펴낸이	임경진, 권영선
책임편집	김민진
디자인	*studio* weme
제작	357제작소
펴낸곳	㈜프런트페이지
출판등록	2022년 2월 3일 제2022-000020호
주소	경기도 파주시 회동길 37-20, 304호
전화	070-8666-7031(편집), 070-8666-6032(영업)
팩스	070-7966-3022
메일	book@frontpage.co.kr
인스타그램	instagram.com/frontpage_books
네이버 포스트	https://post.naver.com/frontpage_book

ISBN 979-11-982434-4-7 (03400)